U0091371

原作者：

維・比安基

（Vitaly Valentinovich Bianki, 1894-1959）

蘇聯著名兒童文學作家。

1894 年 2 月 11 日生於聖彼得堡。父親是生物學家，在家裡養著許多飛禽走獸。受父親及這些終日為伴的動物之影響，比安基從小就熱愛大自然，對大自然的奧秘產生了濃厚的興趣，有一種探索其奧秘的強烈願望。他大學念彼得堡大學物理數學系。在科學考察、旅行、狩獵、當護林員與老獵人的交往中，他留心觀察和研究自然界的各種生物，累積了豐富的素材，為以後的文學創作打下了堅實的基礎，也使筆下的生靈栩栩如生，形象逼真動人。有「發現森林第一人」、「森林啞語翻譯者」的美譽。

1928 年問世的《森林報》是他正式走上文學創作道路的標誌。1959 年 6 月 10 日，比安基在列寧格勒（1924 － 1991 年，聖彼得堡更名為列寧格勒）因病逝世，享年六十五歲。他的創作除了《森林報》，還有作品集《森林中的真事和傳說》（1957 年），《中短篇小說集》（1959 年），《短篇小說和童話集》（1960 年）。

改編者：子陽

本名周成功，又名佳樂，小時候的願望是：諾貝爾文學獎！

來自鄉村，從小到大，大自然是他的好朋友。《森林報》編譯於 2013 年初，由於之前閱讀了大量的外國名著，所以當時有了寫作的衝動。後來，小侄子周家安越長越可愛、聰穎，便決定把它送為小侄子成長的禮物！

插畫家：蔡亞馨 （Dora）

東海美術研究所。

心中懷著一顆溫暖的小星星，住著精靈、小獸和植物，個性鮮明的角色乘著她的筆，懷抱著無懼來到這個世界，將傾訴的想望轉為色彩絢爛的詩篇。

Facebook 粉絲頁：趓氋盥 <ㄉㄨㄛˇ ㄇㄥˊ ㄍㄨㄢˋ>

https://www.facebook.com/doradora2014

森林報

冬之雪

原　著｜【前蘇聯】維・比安基

編　譯｜子陽

插畫家｜蔡亞馨（Dora）

森林報 冬之雪 目錄

8 寫給小讀者的話
11 森林報的第一位駐地通訊員
13 森林年
17 一月到十二月的森林曆

TEN
白雪初見月（冬季第 1 月）

20 天寒地凍的十二月

23 冬季是一本書

24 動物的讀法．24 各用什麼書寫．
25 辨認不同的字跡．26 狼、狐狸與狗的腳印對比．
27 狼的花招．28 抵抗嚴寒的樹木．29 雪底下的草甸

31 森林裡的大事情

31 看錯鼩鼱的小狐狸．32 可怕的爪印．
34 雪底下的柳雷鳥．35 母鹿逃脫了狼的追捕．
37 在雪海的底部．39 冬季的午後

40 農莊裡的事情

42 { 農莊快訊 }

42 耕雪機 · 43 冬季作息時間 · 43 綠色林帶

45 { 都市快訊 }

45 雪地上爬的蒼蠅

46 { 海外快訊 }

46 擁擠的埃及 · 48 禁獵的鳥類樂園 ·

49 轟動南非洲的大事

50 打獵的事情

50 帶著小旗獵狼 · 50 察看銀徑上的腳印 ·

51 圍獵 · 52 在黑夜裡 · 54 第二天早上 ·

55 圍攻 · 55 獵狐狸

森林報 冬之雪 目錄

67 來自四面八方的趣聞

67 注意，注意！·

67 來自北冰洋最北邊島嶼的無線電通報·

70 頓河草原的無線電通報·

72 新西伯利亞原始森林的無線電通報·

74 卡拉庫姆沙漠的無線電通報·75 高加索山區的無線電通報·

78 黑海的無線電通報

79 來自《森林報》編輯部的總結

80 { 自學森林知識 }

80 **幫幫小鳥們**·81 **幫助山雀和鳾**·82 **為小鳥建造住房**

ELEVEN

饑寒交迫月（冬季第**2**月）

86 從冬到春轉折的一月

88 森林裡的大事情

88 林子裡好冷，好冷啊·88 吃飽了就不怕冷·

90 一個一個接著吃 · 92 植物的芽在哪兒過冬 ·
94 小木屋裡的山雀 · 97 我和爸爸獵兔子 ·
99 野鼠走出了森林 · 99 交嘴雀的秘密 · 103 灰熊睡在樹上

105 { 都市快訊 }
105 免費食堂 · 106 學校裡的生物角 · 110 與樹同齡的人

111 祝鉤鉤不落空

115 打獵的事情

116 不幸的獵人 · 119 獵人被熊打傷了 · 121 圍獵大熊 ·
131 { 救救那些饑餓的鳥類朋友 }

TWELVE
熬待春歸月（冬季第 3 月）

134 痛苦煎熬的二月

136 森林裡的大事情

136 能熬到頭嗎 · 137 嚴寒的犧牲品 · 138 光溜溜的雪上冰殼 · 139 玻璃似的小青蛙 · 141 是要睡到什麼時候呢 · 142 牆角裡的款冬 · 143 解凍後的娛樂場 · 143 探出冰窟窿的海豹 · 144 拋棄武器 · 146 河烏 · 148 冰層底下的魚兒 · 149 茫茫雪海下的蓬勃生命 · 150 春天的預兆

153 { 都市快訊 }

153 大街上的打架 · 154 修理和建築 · 154 鳥類的食堂 · 155 都市交通新聞 · 155 返回故鄉 · 156 繁縷 · 157 初升的新月 · 159 神奇的小白樺 · 160 報春的歌聲 · 162 綠色接力棒

163 打獵的事情

163 巧妙的捕獸器 · 164 活捉小猛獸的器具 · 167 狼坑 · 167 狼圈 · 168 地上的機關 · 169 熊洞旁又出事了

174 一年的最後一次電報

175 狐狸的食物「飛」了

寫給小讀者的話

在普通的報紙、期刊上，人們看到的盡是些人的消息、人的事情，但是，孩子們關心的卻是那些飛禽走獸，想知道牠們是如何生活。

森林裡聚集了城市裡沒有的見聞，森林有著愉快的節日也有著可悲的事件。可是，這些事情卻很少在城市中看到，比方說，在嚴寒的冬季裡，有沒有小蚊蟲從土裡鑽出來，牠們沒有翅膀，光著腳丫在雪地上亂跑？有沒有林中的大漢——駝鹿在打架？有沒有候鳥大搬家，秧雞徒步走過整個歐洲？

所有這些森林裡的新聞，在《森林報》上都可以看到。

《森林報》有 12 期，每月一期，《森林報》的編輯們把它編成了一部書。每一期的內容有：編輯部的文章、森林通訊員的電報和信件，以及打獵的事情等。

《森林報》是在 1927 年首次出版的，從那以後，經過很多次的再版，每一次的再版都會增加一些新的專欄。

我們《森林報》曾派過一位記者，去採訪非常有名的

獵人塞索伊奇。他們一起去打獵，一起嘗試著冒險。塞索伊奇向我們《森林報》的記者說了他的種種奇怪事情，記者把那些故事記下來，寄給了我們的編輯部。

《森林報》是在列寧格勒出版的，這是一種非官方性的州報，它所報導的，多數是列寧格勒省或市內的消息。

不過，蘇聯幅員遼闊，常常會在同一時間，出現這樣的光景：在北方邊境上，暴風、暴雪正在下不停，把人們凍得都不敢出門；在南方邊境上，卻百花爭艷，處處一片欣欣向榮；在西部，孩子們剛剛睡覺，在東部，已經是艷陽高照。

所以，《森林報》的讀者提出了這樣的一個希望，希望能從《森林報》上看到全國的事。

基於這些，我們開闢了【來自四面八方的趣聞】這一個專欄。

我們給孩子提供了許多有關動植物的報導，這會增加他們的視野，使他們的眼界變得更為開闊。

我們還邀請了很有名的生物學家、植物學家、作家尼娜・米哈依洛芙娜・巴甫洛娃等為我們寫報導，談談有趣的植物與動物。

我們的讀者應該瞭解這些，這樣，才能改造自然，盡自己的所能管理動物和植物，並與之和諧地生活。

等我們的讀者長大了，是要培育驚人的新品種，去管理牠們的生活，以使森林對國家有益。

然而有這些遠大的志向，要想得以實現，首先要熱愛和熟悉自己國家的領土，應當認識在它上面生長的動物和植物，並瞭解牠們的生活。

在經過了九版的審閱和增訂後，《森林報》刊出了《一年——分作 12 個月的太陽詩篇》一文，其中每個月份的名稱，都用了一個修飾的詞語，用來代表當月的特色，比如，「三月裡恭賀新年」、「融雪的四月份」、「歌舞的五月」等。

我們用生物學博士尼・米・巴甫洛娃寫的大量報導，擴充了【農莊快訊】這一欄。我們發表了戰地通訊員從林中巨獸的戰場上發來的報導，也為釣魚愛好者開闢了【祝鉤鉤不落空】一欄。

希望小讀者們能從中獲益！

《森林報》的第一位駐地通訊員

以前，居住在列寧格勒或者是林區的居民，經常可以看到這樣的一個人，他戴著一副眼鏡，目光專注。他在做什麼呢？原來，他是一個教授，在聆聽鳥兒的叫聲，觀察蝴蝶飛舞。

像大城市的居民，並不善於發現春天裡新出現的鳥兒或蝴蝶；不過，林中發生的任何一件新鮮事，都逃不過他的眼睛。

他叫德米特里・尼基福羅維奇・卡依戈羅多夫，他對城市及其近郊充滿活力的大自然觀察整整50年了。

在這半個世紀的歲月裡，他看著春天送走了冬天，夏天送走了春天，秋天送走了夏天，冬天送走了秋天。他看到鳥兒飛來又飛去，花兒開了又落，還有樹木的繁華與凋零。這些他都一絲不苟地觀察和記錄，然後發表在報上。

他還呼籲大家要觀察大自然，尤其是對青少年，他寄予了厚望，他把觀察所得寄給了他們。

許多人回應了他的呼籲，他的隊伍也逐漸壯大。

如今，熱愛大自然的人，例如方志學家、學者，還有少年隊員和小學生，都陸陸續續地投入了德米特里・尼基福羅維奇開創的先例中，繼續觀察並收集結果。

在 50 年的觀察中，他積累了許多心得，他把這些整合在一起。讓後世的許多科學家及讀者看到了一個前所未有的世界，他們知道春季的時候什麼鳥兒會飛到這裡，秋季裡牠們又飛往何方，他們知道了鮮花和樹木如何生長。

他還為孩子和大人們寫了許多有關鳥類、森林和田野的書籍。他親自在小學裡工作過，總結了他的經驗：比起書本，孩子們更喜愛研究大自然了，尤其是在林間散步的時候。

但是，我們這位偉大的先驅，卻在 1924 年 2 月 11 日，由於久患重病，未能活到新一年春季的來臨就離世了。

他是我們《森林報》的第一位駐地通訊員，我們將永遠紀念他。

森林年

讀者們可能會認為印在《森林報》上有關森林和城市的消息都不是新聞，其實不是這樣子的。每年都有春天，然而每一年的春天都是嶄新的，無論你生活了多少年，你不可能看見兩個完全相同的春天。

「年」彷彿一個裝著十二個月的車輪：十二個月都閃過一遍，車輪就轉過整整一圈，於是又輪到第一個月閃過。

可是車輪已經不在原地，而是遠遠地滾向前方了。

又是春季到了，森林開始復甦，狗熊爬出洞穴，河水淹沒居住在地下的動物們，候鳥飛臨。鳥類又開始嬉戲、舞蹈，野獸生下小寶寶。讀者就將在《森林報》上發現林間最新的消息了。

這裡刊登的每年森林曆，與一般的年曆有許多不同，不過，也不要驚訝。

對於野獸和鳥類，與人類不同，牠們有著特殊的年曆。林中的一切都按照太陽的運行而去生活。

一年之中，太陽在天空要走完一個圈。它每月會經過

一個星座，即黃道十二宮的其中一宮。

在森林年曆上，新年發生在春季第一月，也就是在太陽進入白羊星座的時候。那時，會有一個歡樂的節日，當森林送走了太陽時，憂愁寡斷也會來臨。

習慣上，我們把森林年曆劃分為十二個月，只是對這十二個月的稱呼是按照森林裡的方式。

地球將圍繞著太陽作圓周運動，每年會有一次。而太陽的這一移動路線就叫做「黃道」，沿黃道分佈的黃道十二星座總稱「黃道帶」。這十二個星座對應了十二個月，每個月用太陽在該月所在的星座符號來標示。

由於春分點不斷移動，70 年大概移動 1 度，就目前太陽每月的位置，都在兩個鄰近星座之間。但每個月仍會保留以前的符號，十二個星座從 3 月 20 日或 21 日春分為起點，依次為：白羊座、金牛座、雙子座、巨蟹座、獅子座、處女座、天秤座、天蠍座、射手座、摩羯座、水瓶座和雙魚座。

一月到十二月的森林曆

季節	月份	日期	星座
春季	春季第一月	3月21日起至 4月20日止	白羊座
	春季第二月	4月21日起至 5月20日止	金牛座
	春季第三月	5月21日起至 6月20日止	雙子座
夏季	夏季第一月	6月21日起至 7月20日止	巨蟹座
	夏季第二月	7月21日起至 8月20日止	獅子座
	夏季第三月	8月21日起至 9月20日止	處女座
秋季	秋季第一月	9月21日起至10月20日止	天秤座
	秋季第二月	10月21日起至11月20日止	天蠍座
	秋季第三月	11月21日起至12月20日止	射手座
冬季	冬季第一月	12月21日起至 1月20日止	摩羯座
	冬季第二月	1月21日起至 2月20日止	水瓶座
	冬季第三月	2月21日起至 3月20日止	雙魚座

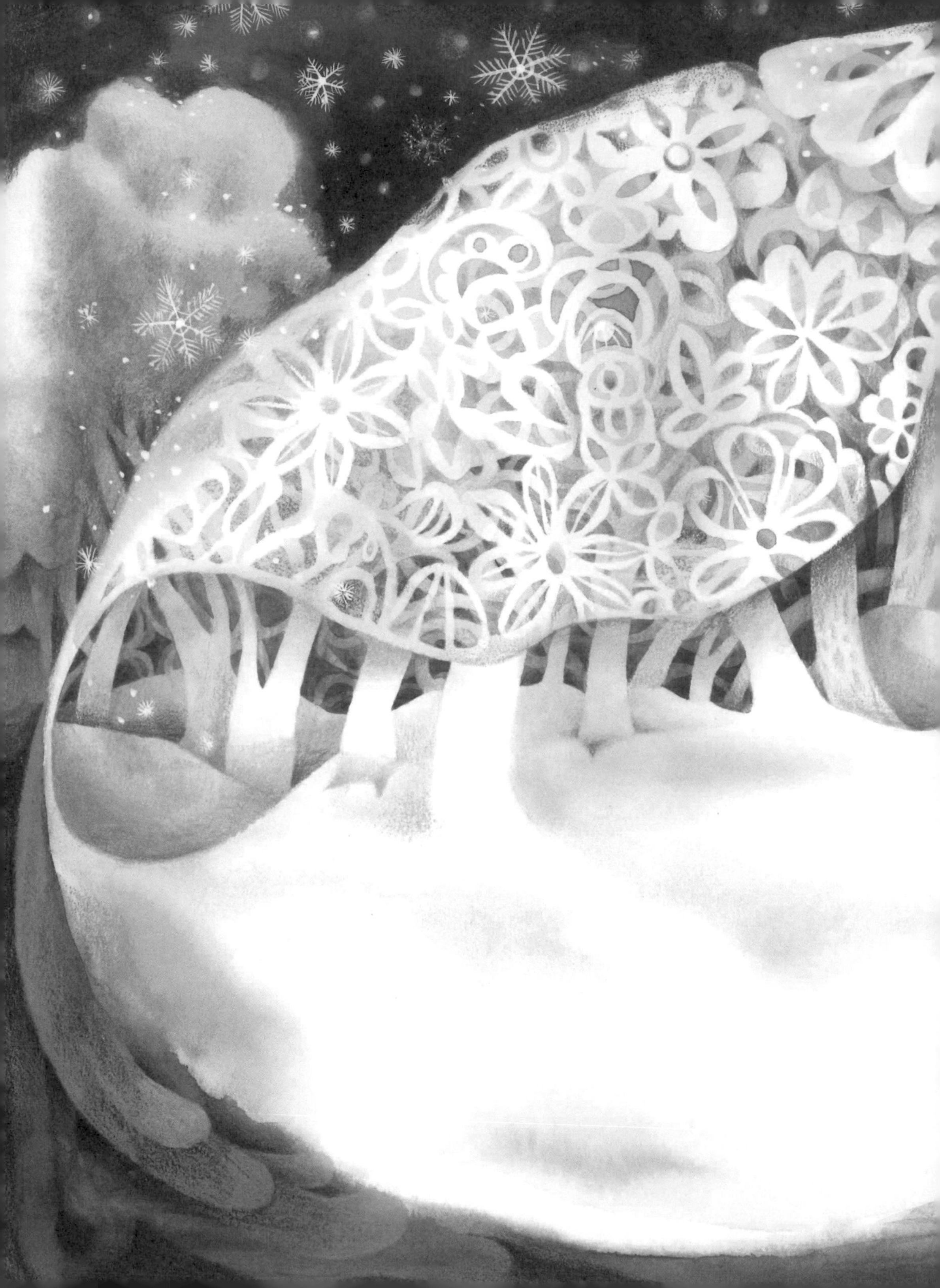

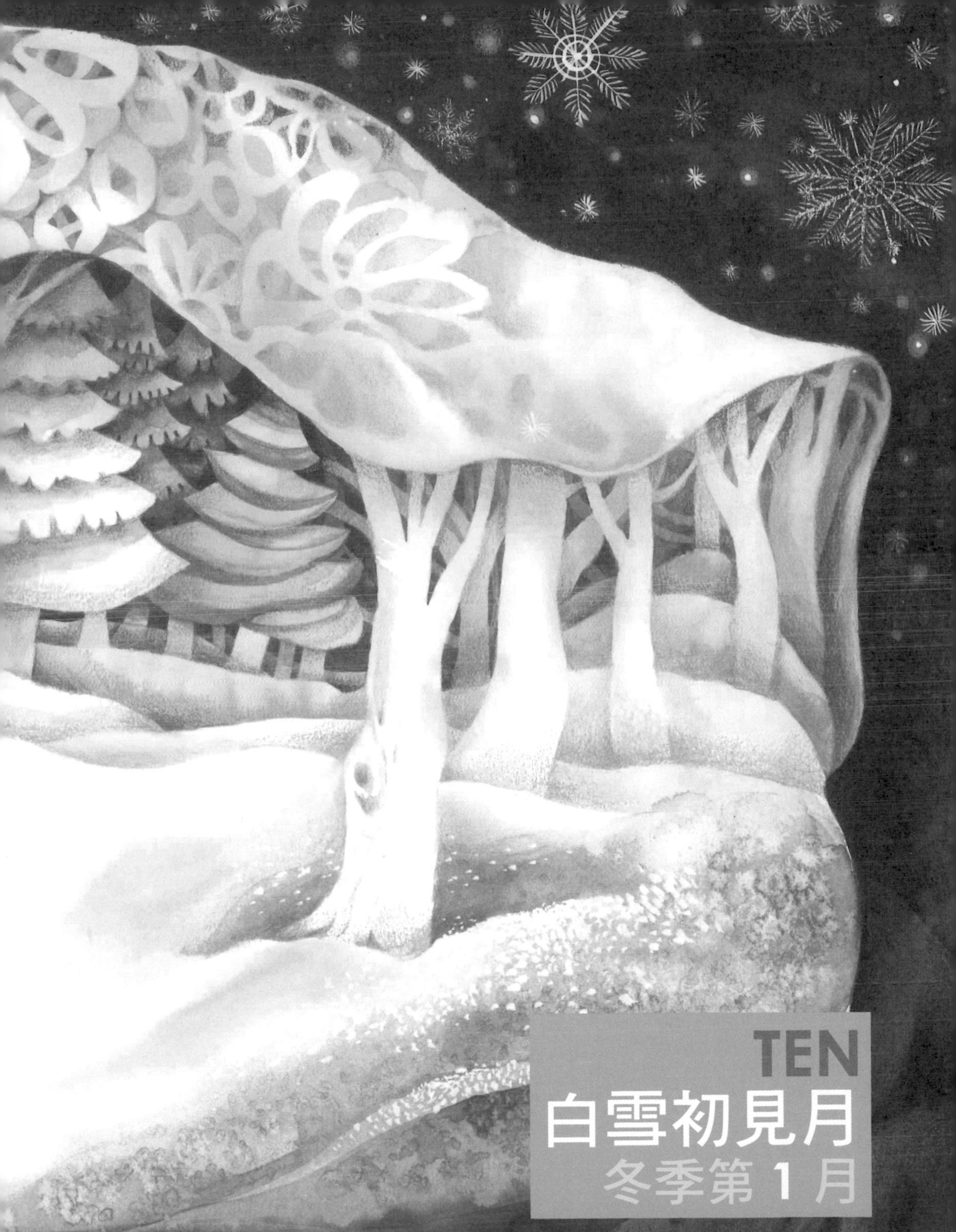

TEN
白雪初見月
冬季第 1 月

天寒地凍的十二月

12 月是天寒地凍的月份。這時候，北國一片白雪，大地被凍成無邊無際的冰板，大雪釘下銀釘，開始冰封大地。12 月是（年曆上）一年的尾聲，卻是冬季的開始。

溪河裡的水結冰封凍了，往日洶湧奔騰的河水安靜了下來。大地和森林也披蓋上了厚厚的雪被。此時，太陽越來越難見到，白晝慢慢變短，黑夜則越來越長。

無數屍體被埋在積雪之下。一年生的植物按照規律發芽、開花、結果，如今，它們已枯腐，化作塵泥，重新融入生養它的大地。那些一年生的無脊椎小動物，也都按期

過完一生，離開生命舞台。

但是，它們並不是永遠地死去。它們留下了種子，留下了卵。當到一定的時期，就會像《睡美人》中的王子那樣，用熱吻來喚醒沉睡的它們。它們將重新煥發出生命。至於多年生的動植物，它們有辦法保護自己平安地度過漫長的北方冬季。現在，冬季還沒有完全發威，不過，太陽的生日，12 月 23 日，已即將到來！

太陽還是會回歸大地，太陽再回來時，大地將會欣欣向榮。

然而無論怎樣，首先得度過漫長的冬季。

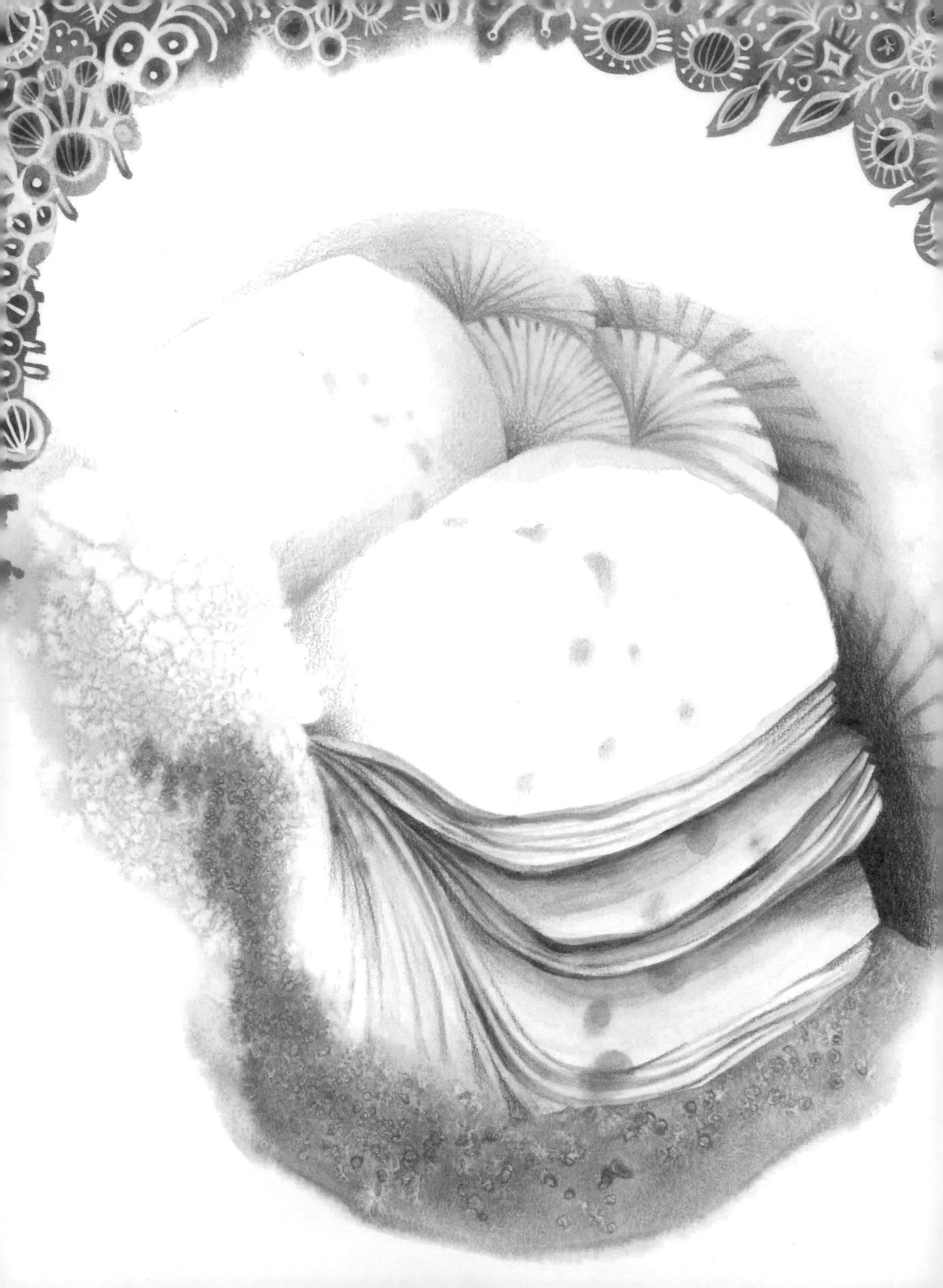

冬季是一本書

白雪覆蓋了大地，一片銀妝素裹。現在，田野和森林上的空地，猶如一本攤開的書本裡潔淨的白紙，無論是誰在上面走過，都會寫上這幾個字：某某由此經過。

現在雪花飄揚，等到雪停後，這書頁將變得更潔淨。

每天早晨都可以看到，在潔白的書頁上有很多神秘的符號：像線條、逗號、句號等。這說明夜間有各種各樣的居民經過這裡，牠們有的用跑的，有的用跳的，有的連跑帶跳，在這裡來回往返，留下了許多印記。

你若看到了，就應該儘快分辨出這些符號，念完這些令人匪夷所思的字句。要不然若再下一場雪，你面前又會出現潔淨、平整的白紙，好像書被翻了一頁一樣。

動物的讀法

在冬季這本書上，每一位林中居民都簽了自己的名，都有自己的筆跡，有著自己的符號。人們可以用眼睛來分辨這些差異——當然，不用眼睛，還能用什麼去讀呢？

但動物不同於人類，牠們會用鼻子來閱讀。比如我們的狗吧，牠們會把鼻子貼在冬季之書上的字，可以讀出「有狼經過這裡」，或者「兔子剛才來過」！動物身上的鼻子有很大的學問，牠們能準確地讀出這些符號特有的意思，從不會出錯。

各用什麼書寫

另外，在冬季這本書上，野獸們大多是用爪子書寫：有的會用自己的整個腳掌，有的會用蹄子，有的則用四個腳趾；另外有一些卻是用肚子書寫，另有一些是用嘴巴，還有些則是用尾巴書寫，各個不同。

鳥類也會用尾巴和爪子書寫，牠們有的甚至還會用翅膀書寫呢！

辨認不同的字跡

我們《森林報》的通訊員歷盡艱辛終於學會了讀冬季這本書，他們從書裡讀到了各種各樣的林中大事。要知道，林中居民們書寫的都不是規規矩矩的正體字，要讀懂這些字跡，往往會讓人傷透腦筋。

不過，像灰鼠寫的字，就很容易辨認。牠們在雪地上蹦蹦跳跳，在跳的時候，短短的前腳會支撐著地面，長長的後腿向前躍出，一下跳出老遠，所以前腳印和後腳印的距離就很遠。牠的前腳腳印小，是兩個圓點；後腳印卻拖得長長的，好像兩支小小的手指頭在雪地裡劃出來的痕跡。

田鼠的字雖然小，但也容易辨認。牠們從雪底下跑出來的時候，往往會兜圈子，之後再跑向牠們想去的地方。田鼠在雪地上會印上一連串的冒號，冒號和冒號之間的距離等長。

飛禽的字跡也容易辨認，比如喜鵲，牠的前腳趾會在雪上留下小十字，後面的腳趾會留下破折號。在小十字的兩旁，會留下翅膀上的痕跡。在有些地方，牠們的長尾巴也會在雪面上掃過，像小掃把似的。

這些字體都還算是規矩的，稍有經驗，一看便知。像

這裡，是松鼠從樹上爬下來，在雪地上蹦跳了一會兒，又回到樹上面去了的字跡；而這裡呢，是一隻田鼠從雪底下鑽了出來，兜了幾個圈子，又回到雪底下去了的字跡；還有這裡，是喜鵲落到了雪地，在上面撲騰了一會兒，之後又飛走了的字跡。

不過，狼和狐狸的筆跡就讓人難以一眼看出來了。由於牠們的字跡不常見，很多人看了總是摸不著頭緒，讀不懂它們的意義。

狼、狐狸與狗的腳印對比

雪地上的字跡，狐狸和小狗的較像，區別在於：狐狸的腳掌是縮作一團的，腳趾頭併攏得很緊；而狗的腳趾是張開的，牠的腳印較淺一些。

狼的腳印則像大狗的腳印，但也有不少差別：狼的腳掌由兩邊往裡側略微收緊，因此，狼腳印比狗腳印長一些，秀氣一些；狼的前後爪之間的距離比狗的大；狼的腳爪和腳掌上的小肉墊，在雪裡陷得更深一些；狼的前爪印，在雪地上往往合攏成一團；狗腳印趾頭上的小肉疙瘩併在一起，緊緊合攏，而狐狸和狼的前腳趾都是分開的。

這是基礎的知識。

閱讀狼和狐狸的腳印比較困難，牠們比較有心機，喜歡耍花招把自己的腳印搞亂。

狼的花招

在行走與小跑時，狼的右後腳會齊齊整整地踏在左前腳的腳印裡，而左後腳也會整整齊齊地踏在右前腳的腳印裡。牠們的腳印就像一條繩子繃在那裡，長長的，直直的，牠們是照著這些路線跑的。

若看到類似的足跡，也許你會覺得：應該有一隻壯碩的狼經過這裡。

但是，你弄錯了，應該說：「有五匹狼經過。」要看清楚，走在前面的是一隻母狼，走在後面的是一隻公狼還有三頭小狼。公狼、小狼是踩著母狼的腳印走的，讓人想像不到，會有五隻狼走得那麼整齊。

要想成為一名出色的足跡辨識者，一定要擦亮眼睛，才能成為「銀徑」上的好獵人——獵人們把雪地上的野獸足跡稱為「銀徑」。

抵抗嚴寒的樹木

樹在冬天裡會被凍死嗎？當然會！

如果樹的中心部位結冰了，它也會被凍死。特別是在寒冬，這裡有不少樹木會被凍死，大部分凍死的是那些年齡較小的樹木。年齡大的會為自己保存熱量，不致使嚴寒侵入體內，不然樹木就完蛋了。

像養分的吸收、生長、繁殖，都需要能量。因此，在夏季，樹木就會積蓄能量，當快到冬季的時候，它們就會停止生長，停止汲取養分。它們變得沒有活力，進入了沉睡狀態。此時，葉子會散發出熱量，所以樹木會甩掉自身的葉子，把它們都拋向大地；樹葉落到地上腐爛時，過程中會散發熱量，這熱量可保護根部免受嚴冬的侵襲。

幾乎每一棵樹木都有抵禦嚴寒的本領，它們需要那些鎧甲保護自己的軀體。在夏天，它們會在樹幹和樹皮底下儲藏多孔的韌皮纖維組織。這些韌皮纖維組織是沒有生命的填充層，既不透水也不透氣，會讓空氣滯留在這一層，可以防止樹幹內部的熱量散發出來。年齡越大的，韌皮纖維層就越厚，就越能耐寒。

光有韌皮纖維層還不夠，如果嚴冬的寒氣透過了這層

韌皮纖維，那麼，就會有體內的化學物質去呵護樹身了。

在冬季到來之前，樹的液汁裡會儲存各種鹽分和轉化為糖的澱粉。這些鹽和糖的水溶液能抵抗寒冷。

除了樹木自身的防護，其實白雪也是很好的禦寒物。我們知道，有經驗的園丁在冬季到來之前，總會刻意將那些畏懼寒冷的小果樹彎到地上，然後把雪覆蓋在它們身上，這樣的話，小果樹就能暖和點，免受風寒了。

在冬季，白雪會給樹林披上雪被，讓樹木不至於對嚴寒感到害怕。

這樣一來，不管寒冬如何肆虐，樹木都能得到保護，它摧毀不了我們北方的森林！

雪底下的草甸

當周圍白茫茫一片，積雪很深的時候，會讓人想到大地上除了白雪之外，其他的都一無所有，花草樹木已經凋零乾枯，動物昆蟲也都躲起來了，如此景象，難免讓人傷感。

這是再正常不過的想法，人們還會自我安慰：有什麼辦法呢？大自然就是這樣子的。

可是關於大自然，我們瞭解得太少了！

今天是一個晴朗暖和的日子，我要好好享受一下。於是蹬上了滑雪板前往草場，準備清理出一塊小試驗場。

等積雪被清掃完了，我驚訝地發現，冰雪之下的草場，卻出現自己獨特的樣貌。陽光照亮了一簇簇緊緊貼在凍土上的小綠葉，也照亮了破土而出的新鮮嫩芽，更照亮了被積雪壓倒在地的各種小草的莖。

我在這裡找到了一棵毛茛（ㄍㄣˋ）。冬季來臨之前，它還一直開著花，現在它的花朵和花蕾依然保存完好，花朵上的花瓣都沒掉呢，它在靜候開春之後的重新綻放！

你知道在這個小試驗場上有多少植物嗎？告訴你吧，一共有六十二種，其中三十六種還是綠的，有五種更是已經開花了。

當你親眼見證這個景象時，那麼，你還會說，一月的北國沒有花也沒有草嗎？

H. 帕甫洛娃

森林裡的大事情

下面幾件森林裡的大事，都是我們《森林報》的通訊員從「銀徑」上讀出來的。

看錯腳蹟的小狐狸

在林間的空地上，小狐狸看到了好像是田鼠留下的字跡。牠心想：就要有東西吃了！牠並沒有用鼻子好好「讀一讀」，到底是誰來過這裡，只隨意看了一眼就往前追了過去。足跡通向灌木叢，於是牠小心翼翼地挨近那裡。

牠看到在雪裡面有一個灰不溜丟的小東西在動，而且還揚著一根小尾巴。小狐狸想也沒想，立刻撲上去抓住了牠，喀嚓一口咬下。

「呸！呸！呸！好臭啊，太噁心了！怎麼是這種味道？」

牠連忙吐出小獸，跑到旁邊吃了一口雪；用雪漱漱口吧，雪可以把牠的嘴巴清理乾淨。

就這樣，小狐狸到口的早餐沒了，卻白白斷送掉一隻小獸的性命。

原來，那隻小獸不是狐狸認為的老鼠，也不是田鼠，而是鼩鼱[1]（ㄑㄩˊ ㄐㄧㄥ）。

牠只是遠遠看起來像老鼠，走近就可以認出來了：鼩鼱的嘴是長長的而且還會翹起來，背脊是拱著的。牠以蟲為食，和田鼠、刺蝟是近親。凡是有經驗的野獸都不會去碰牠們，因為鼩鼱會發出一種辛辣的怪味，聞了讓人難受。

可怕的爪印

我們《森林報》的通訊員在樹下發現了一種腳印，那腳印長長的，又有很多腳爪，讓人看了覺得害怕。

可是爪子像釘耙似的又直又長，要是誰的肚皮被牠抓一下，準會肚破腸流。

我們的通訊員異常小心地順著腳印前行，沒多久來到

1. 鼩鼱（Sorex araneus Linnaeus），屬食蟲目鼴鼱科，形似小鼠的哺乳動物，分布於各大陸。雖然長得極像老鼠，但其實兩者沒有關係。牠們是最早的有胎盤類動物，約出現於中生代的白堊紀，體型一般都很小，為世界上最小的哺乳動物。眼睛細小，視覺差；但聽覺、嗅覺敏銳。地棲者居多，亦有半水棲或穴居者，主要生活在山林、田野、沼澤中，以捕食昆蟲、蝸牛、蚯蚓等為生，有些也吃植物種子和穀物，或植物的根——如鼴鼠。多數種類壽命不長，野外一般僅一年到一年半。台灣也有這類動物。台灣的食蟲目分為兩科：鼴鼠科及尖鼠科，其中鼴鼠科僅二種，就是台灣鼴鼠和鹿野氏鼴鼠；尖鼠科約有十種，如錢鼠（Suncus murinus）、臺灣長尾鼩、水鼩、蘭嶼長尾麝鼩等。

一個很大的洞穴前，洞口的雪地上橫七豎八地散落著一些細毛。他們仔細觀察一番，發現這毛挺直、堅硬，有彈性；顏色是白的，末稍是黑的。這種毛最適合用來做毛筆了。

通訊員馬上明白了，洞裡住的是獾。獾是一種孤僻的動物，但並不可怕。牠可能趁雪化之後出來蹓躂，然後又回到自己的洞穴裡面去了。

雪底下的柳雷鳥

一隻兔子在沼澤地上蹦蹦跳跳，從一個草墩跳上另一個草墩，然後又跳上其他的草墩。跳得正高興，忽然一不小心掉在了雪裡，雪淹沒到了牠的耳朵邊。

兔子覺得，在腳底下有個東西在動彈。就在這一瞬間，從牠周圍的雪底下飛出了很多柳雷鳥。兔子嚇了一大跳，馬上拔腿跑進了林子裡。

原來，柳雷鳥住在沼澤地的雪底下，在白天牠們飛出來，在沼澤地上走動，去啄食雪地裡的漿果，吃飽後，又回到雪底下去了。

牠們在那裡又安全又暖和，誰會發現牠們呢？

母鹿逃脫了狼的追捕

雪地上有很多腳印，好像記載著很多故事，我們《森林報》的通訊員也弄不明白是怎麼一回事。

第一眼，他們看到了又小又窄的蹄印，步子走得安安穩穩。這些腳印不難明白，是頭母鹿在這裡經過，但牠並沒有注意到大禍臨頭了。

忽然，在這些腳印的附近，出現了大的爪印，而母鹿的腳印也呈現出了跳躍的形式。

這不難想像，是一隻狼看到了這頭母鹿，並向牠撲過去，母鹿察覺後飛快地從狼身邊逃走了。

再走上前去，狼的腳印離母鹿越來越近，看來狼要追上母鹿了。接著，兩種足跡在一棵巨大的倒樹邊摻在一塊兒了。看來，母鹿剛跳過大樹幹，狼就緊跟著撲過去了。

樹幹的另一面有一個非常深的坑，坑裡坑外的積雪都被攪得亂七八糟、髒兮兮的，就像在這雪底下，有個威力無比的大炸彈爆炸了似的。從這裡開始，母鹿的腳印和狼的腳印分道揚鑣了。不過，其中又出現了一種很大的腳印，很像一個光著腳走路的人的腳印，只是前面帶著可怕的、歪斜的利爪。

到底雪地裡埋藏的是一種什麼樣的炸彈呢？這可怕的新腳印主人是誰？狼和母鹿為何分開了，這裡究竟發生了什麼事？

《森林報》的通訊員絞盡了腦汁思索這問題。後來他們終於查明白了新腳印的主人，所有的問題也迎刃而解了。

原來母鹿四條腿跳過了橫在地上的樹幹，並向前跑去，狼也跟著跳過了樹幹；不過，狼的身子太沉，從樹幹上滑

了下來，正巧掉在一個雪洞裡。雪洞裡剛好有一隻熊在冬眠，牠睡得正香，被狼這麼一撞，嚇得「噌」一下跳出了洞，周圍的冰雪和枯枝落葉漫天飛舞，就像被炸彈炸飛了似的。熊還以為是獵人來了，就飛一般沒命地逃向森林深處；而狼栽進了雪窩裡，當看到熊時，早嚇破了膽，已忘了追捕母鹿這回事，也只顧慌不擇路地逃命。至於母鹿，老早已經跑得無影無蹤了。

在雪海的底部

初冬，雪下得不多，無論對於田野裡的動物，還是森林裡的野獸，都是最難熬的一段日子。地面光禿禿的，凍土卻越來越厚，什麼吃的都找不到。即便躲在地洞裡，也是寒冷難熬。在這樣的日子裡，連習慣於在地下安居的鼴鼠都要受罪了——凍土堅硬得像岩石，它的爪子雖然鋒利如鐵鍬，但挖起這樣的凍土來也極費勁。如果連鼴鼠都這麼困難了，那老鼠、田鼠、伶鼬、白鼬這些動物又該怎麼辦啊？

野獸們仰頭盼望，總算盼來了一場大雪。大雪紛紛，下個不停，積雪也不再融化。茫茫一片乾爽的雪海，把整

個大地都籠蓋了起來。人站在雪海裡，積雪都掩沒了膝蓋。花尾榛雞、黑琴雞、松雞都埋在積雪裡，甚至連牠們的腦袋都看不見了。老鼠，田鼠、鼩鼱之類不冬眠的穴居小獸，全都從地下住宅裡鑽了出來，在雪海底下躥來鑽去。肉食的伶鼬不知疲倦地在雪海裡忽上忽下，忽東忽西地鑽著，就跟迷你版的海豹在海面上時隱時現一般。有時候，牠會跳出來，在雪海海面上待一陣子，左右張望，希冀松雞、田鼠什麼的從雪海裡探出腦袋來；接著，牠又一個猛子扎回雪海裡頭去，在雪下神不知鬼不覺地向獵物逼近。它就這樣詭秘地出沒在雪海裡，直到逮獲獵物，填飽自己的肚子為止。

在雪海的下面要比上面暖和得多，因為凜冽的寒風吹不到那裡，積雪層又能擋住嚴寒，不讓嚴寒接近地面。許多穴居的鼠類，也會把自己的家建在雪底下的地面上，像是來了冬季別墅避寒似的。

還有這樣一件事，一對短尾巴的田鼠用草和絨毛搭了一個小小的小窩，就架在一棵蓋著雪的灌木枝上，從窩裡可以依稀看到微微的熱氣向外飄逸。

在這厚雪下的暖和小窩裡，有幾隻剛出生的小田鼠，

身上光溜溜的、眼睛還沒有睜開。此時，外面的天氣正冷得厲害，在攝氏零下 20 度呢！

冬季的午後

在 1 月，一個陽光燦爛的午後，積雪覆蓋下的森林裡寂靜無聲。在一個隱密的洞穴裡，熊主人正在冬眠酣睡。在牠洞府上方，是被雪壓得墜了下來的高大喬木與低矮的灌叢。這些樹木上面都蓋著積雪，隱隱約約看上去，彷彿童話中富麗堂皇、神奇的宮殿：有拱形圓頂，有空中走廊，有庭階，有窗戶。所有一切都在閃閃發光，無數小雪花像金剛鑽般閃爍著。

這時，一隻小鳥不知從哪裡飛出來，牠翹著尾巴，小嘴巴尖尖的，撲動著翅膀飛到雲杉樹上，邊飛邊發出一串悅耳動聽的聲音，響徹樹林上空。而在白雪構成的地洞下面的小窗口，露出了一只綠濛濛的眼睛窺探著：是不是春天已經來臨了？

這是會過日子的熊的眼睛。熊喜歡在自己的洞穴裡開一個小窗口，以便隨時觀察森林裡發生的事情。這次牠沒看到什麼異常，除了白雪一片，於是那雙眼睛也慢慢消失了。

在結冰蓋雪的樹枝上，小鳥兒隨意雀躍溜躂了一會兒，又鑽回雪地裡去了。在那裡，有牠們用柔軟的苔蘚和絨毛製作的窩。

農莊裡的事情

在嚴寒的冬季，樹木都休眠了。樹木的血液——樹液都被凍結了。一到這個季節，樹林裡就會傳出伐木聲，，鋸子的聲音終日響個不停，人們一整個冬天都伐木。冬天採伐的木頭最好，既乾燥又結實耐用。

為了將砍伐的木材運到河邊，以便春天冰雪融化時木材可以隨河水下漂，於是人們修築了幾條寬闊的冰路——冰路的修築是要在積雪上潑水，就像鋪溜冰場似的，讓積雪融化，再結成冰；說來不難，但工程也頗為浩大。

在農莊裡，莊員們在準備著春天的工作，他們在挑選種子、檢查幼苗。

一群群灰山鶉飛進了村莊，在打穀場附近住了下來。雪那麼深，牠們不容易扒開積雪找到食物，就算扒開了積

雪，雪下面有冰，牠們也難以把冰層打開。

這時如果要捕捉牠們，就顯得非常容易，但這是被法律禁止的，因為法律不允許人們冬天捕捉軟弱無力的灰山鶉。

那些聰明而體貼的獵人會在冬天想辦法餵養灰山鶉——例如，在田野裡，用雲杉樹枝搭建許多小棚子，在裡面撒上大麥和燕麥，這成了牠們冬天的食堂。

這樣一來，美麗的灰山鶉就不至於在嚴冬裡餓死了。到第二年夏天，牠們就會生蛋，每一窩多會卵出二十多隻小灰山鶉呢！

H. 帕甫洛娃 報導

耕雪機

昨天，我到「閃光」農莊看望老同學米沙．戈爾申。他現在是一個拖拉機手。

米沙的妻子開門迎接我們，她這個人特別喜歡開玩笑。

「米沙還沒有回來，他在耕地呢！」

我想：「這是在和我開玩笑吧！說他在耕地，連托兒所裡剛會爬的孩子可能都知道，冬天怎麼能耕地呢！！」

於是，我也開玩笑地問：「是在耕雪吧？」

「現在不耕雪，還能耕什麼？」米沙的妻子答道。「當然是在耕雪囉！」

我轉身離開去找米沙。不管你覺得有多奇怪——我的確是去田裡找他。說也奇怪，他正在雪地裡開著一頭拖拉機，在拖拉機的後面拖著一口長木箱。木箱把雪攏到一起，做成了一堵高牆。

我問米沙：「這樣做有什麼功用呢？」

他說：「這是擋風用的雪牆。要是沒有一道牆，風就會在田裡亂刮，把雪全都吹走；若是沒有雪，秋播的穀物就會被凍死。所以，我得把雪保留住，只好用耕雪機來耕雪啊！」

冬季作息時間

農莊的牲畜，都按照作息時間表生活。例如睡覺、吃飯、散步，都有著一定的規律。關於這些，四歲的農莊莊員瑪莎·斯米爾諾娃說：「我和小朋友們現在都上幼稚園了，馬和牛也該上幼稚園了吧？我們去散步的時候，牠們也會散步；我們回家了，牠們也會回家。」

綠色林帶

沿著綿延數千公里的鐵路線，我們種植了一排排高大挺拔的雲杉樹。這條「綠帶子」保護著鐵路，使鐵軌免遭風雪襲擊。每年春天，鐵路工人都要栽種好幾千棵小樹，以擴大這條「綠帶子」。今年我們種了 10 萬多棵雲杉、洋槐和山楊，還有將近 3,000 棵左右的果樹。

這些樹苗都是鐵路工人在自己的苗圃裡培育出來的。

雪地上爬的蒼蠅

在陽光燦爛的冬日，當溫度計的指針上升到零度，此時在花園、林蔭道上和公園裡，會看到從雪底下爬出來了很多蒼蠅。

牠們整整一天都會在雪上爬來爬去的，黃昏一到，又躲到冰縫和雪縫裡了。

牠們的住處既僻靜又暖和，通常是在落葉或是苔蘚下面。

它們爬過的雪地並沒有留下足跡。這些小蟲又小又輕盈，只有用高倍放大鏡，才能看清楚牠們的形狀：長長的嘴巴、額頭上奇怪的觸鬚，以及纖細的光腳。

我們《森林報》的編輯部收到了從國外發來的有關候鳥生活的報導。

我們得知，雲雀此時住在埃及；椋鳥分成幾個部分，有的住在法國南部，有的住在義大利，有的住在英國；至於我們的著名歌手夜鶯，此時正在非洲中部過冬。

這些鳥兒在那裡並不像在家鄉時那樣終日歌唱，牠們得為自己的吃和住而忙碌。俗話說：「在家千日好，出門一時難！」現在異鄉做客的牠們，一心等待著春天到來。到那時，牠們就可以回家，愛唱歌就唱歌，要下蛋就下蛋，要孵卵就孵卵，還是在家好啊。

擁擠的埃及

埃及可以說是鳥兒的樂園。尼羅河和它密密麻麻的支流，沖刷出廣闊的河灘，河灘上都是淤泥；尼羅河水流經的牧場和農田，都很肥沃。尼羅河畔的湖泊和沼澤星羅棋佈，有鹹水、有淡水；而溫暖的地中海海岸曲折，形成了衆多的海灣。所有這些，造就了豐富的生態樣貌，食物豐盛，剛好可以款待過冬的鳥客。夏天，原本這兒就有無數的鳥群，一到冬天，各地的候鳥也加入到這支隊伍裡來了。

可以想像得到，冬天的埃及是多麼地擁擠，好像全世界的鳥兒都聚集到了這裡。

在湖上和尼羅河的支流上，各種水禽密密麻麻地棲息著，有時連水面都看不見了。那些嘴巴下長著大肉袋的鵜鶘（[illegible]），和灰野鴨、小水鴨在一起捉魚。紅羽毛的火烈鳥（即紅鶴，又名火鶴）之間，鷸在其中來回穿梭，一旦牠們看到了非洲烏雕或白尾雕，就會趕緊躲開。

這時候，如果向湖面放槍，立刻就會有密密麻麻的各種水禽飛起來。隨即是喧囂聲，就連數千只鼓的響聲也難以與之相比。

剎那之間，可以看到鳥群像一團陰影遮住了太陽，湖面也籠罩在牠們的影子之下。

候鳥就是在埃及這樣的生活著！

禁獵的鳥類樂園

在我國（當時的蘇聯），也有一些鳥類的樂園，並不比非洲的埃及差勁。

這裡，有許多水禽和生活在沼澤地裡的鳥兒，牠們都會去那片樂園裡過冬。在那片樂園裡，就如在埃及一樣，可以看到成群結隊的鵜鶘與火烈鳥，可以看到野鴨、大雁、鷸、海鷗與其他鳥禽雜居在一起。

在我們這裡的冬季，白雪蓋地，寒氣逼人。在那片樂園裡，冬季則有水藻叢生，有蘆葦蕩和灌木叢，因此會有很多鳥類的食物，且那裡氣候溫暖，不會有暴風雪的肆虐。

那些鳥類的樂園是禁獵區，是不允許獵人到那裡去打候鳥的。牠們忙碌了一夏，是來那裡休息的。

我們國家最為出名的鳥類樂園是位於□海東南岸亞塞拜然的塔雷什國家自然資源保護區。

轟動南非洲的大事

在南非洲發生了一件轟動一時的大事，有一群白鸛從天空中飛了下來，其中有一隻腳上戴著白色金屬環。他們捉住了這隻白鸛，看清楚了金屬環上刻的字：莫斯科，鳥類學委員會，A 型 195 號。

這則消息在報紙上刊登了，這樣我們可以得知，我們《森林報》的通訊員捉住的那隻白鸛（ㄍㄨㄢˋ，又稱送子鳥）現在在什麼地方過冬。

科學家正是用這種給鳥類戴腳環的方法，得知了許多鳥類的秘密。例如牠們在什麼地方過冬，牠們的越冬路線等。

為了這個目的，世界很多國家的鳥類學研究委員會，都會用鋁製作不同型號的腳環，在上面刻上機關、單位名稱，同時還會根據尺寸大小刻上型號、字母和編號。要是有誰捉住了這種鳥兒，看清楚刻在上面的科學機關的名稱，就應該通知那個科學機關，或在報上刊登有關這個發現的消息。

打獵的事情

帶著小旗獵狼

這段時間，有狼經常出沒在村莊附近，牠們有時會叼走綿羊，有時會叼走山羊。村子裡沒有獵人，只好到城裡去請獵人。

就在當天晚上，從城裡來了一整隊的狩獵好手。他們乘著雪橇，雪橇上裝著粗大的卷軸，在卷軸上面繞著一圈圈的繩子，在繩子上繫著一支一支的小紅旗子，每兩面旗子之間相隔半米。

察看銀徑上的腳印

獵人向農民打聽了狼是從哪裡來到村莊的，便去察看狼的腳印。他們乘著雪橇，看到狼腳印成一條直線，從村莊裡穿過莊稼地直到林子裡。看起來似乎只有一頭狼，但是有經驗的獵人卻看出這是整整的一窩狼。

等進了森林，一條腳印就分成了五條，獵人看了看，說：「走在前面的是頭母狼，牠的腳印窄窄的，步子小小的，成對角線方向有雪爪。這些特點都說明腳印是母狼的。」

察看完後，他們分成了兩組，坐在雪橇上，在森林裡轉了一圈。

在其他地方沒有發現狼的腳印，由此可以得知，狼是藏在森林裡，應該用圍獵的方法來解決牠們。

圍獵

每一組獵人帶了一個卷軸，乘著雪橇悄悄地前進。前面的人把繩子放出來，後面的人則把繩子拴在灌木叢、樹幹上和樹墩上，小旗子距離地面約有二十五公分的高度，拴好後，小旗子開始迎風飄揚。

這兩組人在村莊附近又會合了，他們已經用帶旗子的繩索把林子從四面包圍住了。

獵人在囑咐全體農莊的莊員們第二天天際發白就得起床後，就各自回去睡覺了。

在黑夜裡

黑夜降臨了，今天非常冷，且有明月高懸。林中的母狼已睡醒起身，公狼也站了起來，牠們的小狼也跟著起身了。

四周是密密的叢林，在雲杉樹梢的上空，月亮死寂地掛著。

這時候，狼的肚子開始咕咕叫，牠們餓得正慌。

母狼抬起了頭，對著月亮嗥叫了起來，公狼也跟著發出了低沉的嚎叫，接著牠們的小狼也發出了尖細的叫聲。

村子裡的家畜聽見了這些叫聲，都嚇得叫起來，牛哞哞的叫，羊咩咩的叫著。

母狼邁開了步伐，再來是小狼，接著是公狼——公狼斷後，保護著小狼。牠們小心翼翼地邁開腳步，認準了前面的步伐往下踩——後面一隻狼的腳恰好不偏不倚地踩在前面那隻狼的足跡上，慢慢穿過樹林，向村莊進發了。

忽然，母狼停住了，公狼跟著停住了，小狼也停住了。

母狼用一種兇狠的眼睛，惶惶不安地看著四周，牠聞到了一股紅布刺鼻的氣味，牠發現在前面的林間空地上，掛著一個黑糊糊的布片。

母狼見過的世面多，可這還是第一次見過，牠知道有布片的地方就會有人。說不定那些人躲在一旁，正守候著牠們呢！

不行，得往回走。母狼毫不猶豫地轉過身，奔進了密

林，公狼、小狼也跟著跑了過去。

不好，又是布片，母狼感到不祥的氣氛，連忙逃回森林，躺了下來，公狼和小狼也隨著躺了下來。

牠們無法走出包圍圈了，只得繼續挨餓，天曉得村仔裡的人在打什麼主意！

牠們的肚子餓得咕嚕嚕一直叫，天卻越來越冷。

第二天早上

第二天一早，天剛濛濛亮，村子裡就出動了兩隊人馬，一隊人較少，一隊人數較多。

人少的那一支隊伍繞著森林走，他們穿著白色的長袍，把小旗和繩子悄悄地解了下來，然後在樹叢外面的小山布成一字長蛇陣。這一隊是真正的獵人。他們之所以穿著白色衣服，是因為別的顏色在雪地裡太顯眼了。

人數多的那支隊伍，是農莊的人，他們手裡拿著木棒，在田裡靜候著。後來，領隊發出了命令，大家就聒噪著進入森林，一邊還大聲吆喝，同時用木棒敲擊著樹幹。

圍攻

狼正在睡覺，忽然聽見從村莊那邊傳來吵雜的叫喊聲。母狼倏地跳起來，向著森林的另一頭跑去，公狼和小狼緊跟在後面。

牠們脊背上的鬃毛都豎了起來，緊夾著尾巴，兩只耳朵向後背著，雙目炯炯發光。

到了樹林邊，又看見了紅旗子，只好往回走，但聒噪聲卻越來越近。不難得知，有大批的人喊殺過來了。

母狼只好一直往回走，牠們來到了樹林邊，這裡沒有紅旗子。牠們跑出了森林，卻落進了射擊手的包圍圈。

這時，在灌木叢裡射出了一道道火光，槍聲也乒乒乓乓地響了起來。公狼撲通一聲跌倒在地，小狼滿地打滾。

獵人們槍打得準，小狼一隻也沒有逃脫，只有母狼不知道跑到哪裡去了，沒有人看見。

從此以後，村子裡就沒有發生家畜失蹤的事件了。

獵狐狸

有經驗的獵人眼力都非常好。就拿獵狐狸來說吧，只要認真觀察一下狐狸的腳印，就能準確判斷狐狸的行蹤。

塞索伊奇早上出門時，剛下過頭一場雪，他遠遠地就看到田野裡有一行狐狸的腳印，整整齊齊、清清楚楚。他不慌不忙地走到足跡前，靜靜地看著它。然後脫下一塊滑雪板，一條腿跪在滑雪板上，把一個手指頭彎了起來，伸進狐狸腳印的坑窪裡探查。他思索了一下，站起來，套上滑雪板，順著足跡前行，眼睛並不時地看著那些足跡。沒多久，足跡消失在灌木叢裡，他也就跟著進了灌木叢；出了灌木叢，足跡來到了一個小樹林邊，他從容不迫地繞著小樹林滑了一圈。

當他從樹林的另一頭出來時，就馬上加緊速度趕回村莊了。他不用滑雪杖就可以飛也似的在雪上滑行。

冬季的白晝很短，他光看腳印就花了兩個時辰。但是他下定決心，今天要捉住這隻狐狸。

他跑向了另一位獵人謝爾蓋的家。謝爾蓋的母親從小窗裡望見他，就走出來，站在門口，向他打招呼：「我兒子不在家，也不知道他去哪裡了。」

塞索伊奇知道老太婆沒說實話，不想讓他知道兒子的去處，但他仍笑著說：「我知道，他在安德烈家。」

塞索伊奇果然在安德烈家找到了兩位年輕的獵人。他

一進去，他倆就不說話了，顯然是覺得尷尬。謝爾蓋甚至從長凳上站了起來，想遮住身後的那一大捆纏著小紅旗的輪軸。

「得了，不用偷偷摸摸的了，」塞索伊奇說，「我知道，在昨天夜裡，星火農莊的一隻鵝被狐狸叼走了。這下子狐狸躲在哪裡，誰也不知道。」

兩個年輕的獵人張大了嘴巴愣在那裡。在半個鐘頭以前，謝爾蓋遇見了隔壁星火農莊的一個熟人，聽說昨天夜裡，他們莊裡的一隻鵝給狐狸拖走了。謝爾蓋跑回來把這件事告訴安德烈，他們想在塞索伊奇得知這件事之前逮住狐狸；誰知道還沒找出獵捕的方法，塞索伊奇就已經來了，而且還知道了這件事。

停頓了一會兒，安德烈說：「是哪個多嘴的婦人告訴你的吧？」

塞索伊奇冷冷一笑說：「她們一輩子也難搞清楚這件事，是我從狐狸的腳印看出來的。告訴你們幾件事吧！這隻狐狸個頭很大，是一隻公的老狐狸。牠的腳印圓圓的，足跡非常清楚。牠從農舍裡叼走一隻鵝，拖著鵝，走到灌木叢深處把鵝吃掉了。我已經找到了那個地方，只是這頭

狐狸很狡猾。想來牠的皮毛很稠密，可賣不少錢啊！」

謝爾蓋和安德烈彼此交換了一個眼色。

「這些都寫在腳印上面嗎？」

「對啊，如果這是一隻饑瘦的狐狸，牠的皮毛就會稀疏，沒有光澤；而狡猾、吃得飽的老狐狸皮毛就很密，顏色很深，很有光澤。吃飽的狐狸走路輕盈，腳印一個接一個的，是整整齊齊的一行。我對你們說，像這樣的一張毛皮，在列寧格勒可搶手的呢！」

塞索伊奇不說話了。謝爾蓋和安德烈又相互看了一下，在一起嘀咕了一會兒。然後安德烈說：「好吧，塞索伊奇，你有什麼話就直說吧！你是來找我們合夥的吧？我們沒意見，你瞧，我們也聽到了風聲，小旗子都準備好了。我們原想趕在你的前頭，現在看來，咱們還是合作吧！」

塞索伊奇說：「好！第一次的圍攻由你們做，要是讓牠逃跑了，我們就甭想有第二次了。這可是隻不普通的狐狸，牠不是我們本地的，只是路過這裡，隨時都有可能逃到別的地方去。要是牠在開第一槍之後就溜之大吉，找兩天也很難找到牠。小旗子還是留在家裡吧，這隻狐狸遭到人類的圍捕也不是第一回了。」

可這兩個年輕的獵人堅持要帶小旗子，並認為這樣會可靠些。塞索伊奇就說：「你們想帶就帶上吧！好了，該走了。」

謝爾蓋和安德烈便開始準備行裝，將兩個繞著小旗的輪軸搬到外面，拴在雪橇上。趁這一會兒的功夫，塞索伊奇回家了一趟，換了一身衣服，找來五個年輕的莊員，讓他們幫助圍獵。

三個獵人都在自己的短大衣外面套上了灰色的長袍。

他們出發了。在路上，塞索伊奇說：「我們是去打狐狸，不是打兔子，兔子有點稀裡糊塗的，狐狸可不一樣，牠的鼻子比兔子的靈，眼睛比兔子的尖。只要被牠看出一點破綻，牠馬上會消失得無影無蹤。」

他們很快就來到了狐狸躲藏的那片小樹林，一群人立刻分頭行動。圍獵的人站好了地方，謝爾蓋和安德烈掛起小旗繞著林子走，塞索伊奇走向林子的另一邊。

臨走前，塞索伊奇說：「你們得小心點，要看看狐狸的腳印，要輕手輕腳的，那隻狐狸可精明著呢，一旦有聲響，牠就會採取行動。」

過了一會兒，三個獵人在小樹林的那一邊會合了。

塞索伊奇問謝爾蓋和安德烈：「你們搞定了嗎？」

「我們仔細瞧過了，沒有發現出林子的腳印。」

「我也沒有看到。」

離旗子一百五十步左右的地方，他們留了條通道。塞索伊奇囑咐兩位年輕的獵人，最好站在某個地方守候。然後，塞索伊奇踏上雪板，悄悄地滑回圍獵的人們那邊去。

半個小時過後，圍獵開始了。六個人分散開，像一張網朝著小樹林裡包抄過去，不時地還低聲呼應，並用木棒敲打著樹幹。塞索伊奇走在中間，以便讓他們保持隊形。

林子裡顯得寂靜，被人碰過的樹枝落下一團團鬆軟的積雪。

塞索伊奇等待著謝爾蓋和安德烈的開槍，雖然謝爾蓋和安德烈是他的老夥伴，可塞索伊奇還是放不下心來。那隻公狐狸是很罕見的，這個機會要是錯過，以後就很難遇到了。

塞索伊奇來到了小樹林的中間，可還沒有聽到槍聲了。

「怎麼了？」塞索伊奇擔心地繼續往前行進，「狐狸早就該跑出來了啊！」

塞索伊奇已經走到了樹林邊緣，安德烈和謝爾蓋看到

他，便從雲杉背後走了出來。

「看見狐狸了嗎？」塞索伊奇問。

「沒有看見！」

塞索伊奇沒說話，轉身往回跑，他要檢查一下圍獵線。幾分鐘後，他氣呼呼地叫著：「喂，你們過來！」

於是，大家都到那邊去了。

「你們倆還是獵人嗎？還說會看足跡呢，這是什麼？」

「兔跡，」謝爾蓋和安德烈異口同聲地回答說。

「那兔子的腳印裡頭呢？兔子腳印裡頭是什麼呢？你們兩個傻蛋，我跟你們說過了，這可是隻狡猾的狐狸啊！」

在兔子腳印的後面，可以看到其牠野獸的腳印，比兔子的後腳印圓一些，短一些。

謝爾蓋和安德烈看了大半天，才看明白。

「狐狸為了掩飾自己的腳印，常常踩著兔子的腳印走？你們是知道這一點的！你們看，牠的腳印都踩在兔子的腳印上，你們兩個眼睛瞎了，浪費了大家多少時間！」

塞索伊奇吩咐把旗子留在原地，自己先順著腳印跟了過去。其他人也都默不作聲地跟在後面。

進了灌木叢，狐狸的腳印和兔子的腳印就分開了。狐

狸的腳印清清楚楚的，牠多麼狡猾啊！繞來繞去的，繞出許多鬼花樣，他們沿著這行腳印走了好久。而眼看著白晝就要結束，太陽掛在了淡紫色的雲上。大家都垂頭喪氣，這一天的努力算是白費了，腳下的滑雪板也變得沉重起來。

突然，塞索伊奇站住了，他指著前面的小林子，低聲地說：「狐狸肯定在那裡！因為前面五公里都是田野，地面就像一張桌布，沒有灌木叢，也沒有溪谷，狐狸跑到那裡，對牠是不利的。我敢擔保，牠一定就在那裡！」

謝爾蓋和安德烈兩眼一亮，馬上振作了起來，把槍從肩頭拿了下來。

塞索伊奇吩咐三個圍獵的農民和安德烈從右邊，另兩個和謝爾蓋從左邊，向小林子包抄。大家同時走進了小樹林。

隨後，塞索伊奇悄悄溜進了林子中間。他知道，那裡有一小塊空地，老狐狸不會待在沒有遮掩的地方。但是，無論牠走向哪個方向，都要經過這片空地。

在空地的中央，有一棵高大的雲杉樹，在它旁邊有一棵枯萎死掉的雲杉樹，斜倒在它的樹冠上。塞索伊奇突發奇想，想沿著倒下的雲杉爬上大樹。這樣，居高臨下，可

以看清楚狐狸的走向。在空地的四周有一些低矮的雲杉，然後就是光禿禿的白樺和山楊。

塞索伊奇看了看，隨即放棄了這個念頭。他心想：趁他爬樹所花的工夫，狐狸早就跑掉了，而且從樹上開槍也不方便。

塞索伊奇站在兩棵小雲杉之間的一個樹樁上，扳起雙筒槍的扳機，仔細地向四下裡張望。幾乎在同時，從四面八方響起了圍獵的呼應聲。塞索伊奇對自己的判斷確信不疑：狐狸一定就在這，隨時都會出現，可是當一團棕紅色的東西在樹幹之間一閃而過時，他還是打了個冷戰。那頭野獸居然敢竄到空地上去，塞索伊奇準備開槍。但他愣住了，那不是狐狸，是一隻兔子。

兔子驚慌失措地在雪地上坐了下來，聽到四面八方的人聲越來越近，牠又逃走了。

塞索伊奇只好再集中注意力，守候著。忽然從後面傳來了一聲槍聲，他們把牠打死了？打傷了？又從左邊傳來了一聲槍聲。塞索伊奇便放下槍，心想他們逮到了狐狸。

幾分鐘後，圍獵的人來到了空地上，謝爾蓋和他們在一起，一臉窘態。

「沒打中？」塞索伊奇問。

「在灌木叢後頭，怎麼能打得中！」

「唉！」

這時，安德烈從後面走上來說：「在這呢！沒讓牠逃走啊！」說著，他把打死的兔子扔到塞索伊奇的腳下。塞索伊奇張開嘴巴，不知說什麼好。周圍的人都看著他們三個獵人。

後來，塞索伊奇說：「好運氣！咱們回家吧！」

「那麼，狐狸呢？」謝爾蓋問。

「你看見狐狸了嗎？」塞索伊奇反問。

「沒看見。我也是只看到兔子，不過也許狐狸還在某個灌木叢中藏著呢，我們……」

塞索伊奇把手一揮，幽默地說：「我看到狐狸被山雀抓走了。」

當他們走出空地的時候，塞索伊奇故意放慢腳步，落在大家後面。此時天還沒有完全黑下來，還能看清楚留在雪地上的腳印。塞索伊奇走走停停，繞著小樹林轉了一圈。

狐狸和兔子進入林間空地的足跡還清晰地印在雪地上，塞索伊奇蹲下來，細心地察看狐狸的腳印。

不對，狐狸沒有走回頭路，狐狸也沒有這樣的習慣。

出了這片空地，腳印就消失了，沒有兔子的，也沒有狐狸的。

塞索伊奇坐到樹樁上，雙手捧著低下的腦袋，思量起來。終於，他腦海閃過一個大家都能想到的簡單念頭——狐狸是會打洞的：也許這隻狐狸在空地上打了個洞，躲到洞裡呢！剛才獵人完全沒有想到這一點。

塞索伊奇抬起頭，天已經暗了下來。在黑夜裡，很難捉到狡猾的狐狸。塞索伊奇也只好回家了。

有時動物會給人類出一些很難猜透的謎，有些人會被這些謎給困住，但塞索伊奇可不是這樣的人。他不會放過任何解謎的機會，即便那是自古以來都以狡猾聞名的狐狸出的謎題。

第二天早上，塞索伊奇又來到了狐狸失蹤的地方。此時此地，已看得到狐狸走出林子的腳印了。塞索伊奇沿著足跡走去，想找到他想像中的那個狐狸洞。但是，足跡卻把他領到空地中央來了，那些腳印通向傾倒的枯雲杉樹，順著樹幹上去，消失在雲杉枝葉之間。

在那裡，離地面約有八公尺高的地方，有一根粗大的

樹枝，上面沒有積雪，看來積雪是被趴在這裡的野獸給摩擦掉了。

原來昨天塞索伊奇站在這一邊嚴陣以待的時候，那隻老狐狸就在他的頭頂上躺著。如果狐狸也會譏笑人的話，那牠一定會狠狠地嘲笑這個小個子獵人，甚至還笑得前仰後合呢！

不過，不經一事，不長一智，有了這次經驗，塞索伊奇就深信不疑：既然狐狸都能上樹了，那對牠來說，痛痛快快地譏笑人類還有什麼不可能的呢！

《森林報》特約通訊員

來自四面八方的趣聞

注意，注意！

這裡是列寧格勒廣播電臺《森林報》的編輯部！

今天是 12 月 22 日，也是冬至，今天的廣播是今年的最後一次了。

我們呼叫凍土地帶、原始森林和沙漠、高山、海洋、草原地帶。請告訴我們，現在是冬至，一年之中白晝最短、夜晚最長的一天，你們那裡都發生了什麼事呢？

敬請收聽，敬請收聽！

來自北冰洋最北邊島嶼的無線電通報

在我們這裡是漫長的黑夜，太陽已經落入了大洋後面，在春天到來之前它不再會露臉的。大洋開始被冰層覆蓋，在這裡的很多島嶼上，可以看到冰天雪地的景象。

這時候，還留在我們這邊過冬的是哪些動物呢？

海豹住在結冰的海洋下。當冰層還薄的時候，牠們就會在冰層上打一些通氣孔，並隨時讓這些通氣孔保持通暢，只要通氣孔的表面上結出一層薄冰，牠們就會儘快用嘴將其打通。海豹經常遊到這些通氣孔處呼吸新鮮空氣，有時也會爬出冰洞，到冰面上歇息，甚至在冰面上打瞌睡。

這時公白熊會就會偷偷走近這些海豹。這些公白熊跟母白熊不同，牠們不會鑽到冰洞裡睡一整個冬天的。

而在苔原上的雪層底下，則活躍著一種短尾巴的旅鼠[2]，牠們在雪底下挖出一條條通道，藉由這些通道，去尋找、啃食那些埋在雪下的植物。此時，雪白的北極狐也開始活動了。牠們最喜歡旅鼠了，能輕易地從雪地上嗅出雪下的旅鼠氣味，然後輕而易舉地把牠們從雪底刨出來。

北極狐還可以吃到一種野禽——岩雷鳥[3]。當岩雷鳥鑽進雪堆裡睡覺時，嗅覺靈敏的小狐狸，便悄悄走近並將牠們捉住。不管這些鳥藏身何處，都很難躲開北極狐的鼻子。

除了牠們，我們這裡就沒有別的動物了，就連那些北極鹿，也會在冬天來臨之前離開這個冰天雪地的世界，投向南方原始森林的懷抱。

在我們這裡，整個冬天總是黑漆漆的一片。看不到太陽，怎麼能看見東西呢？

其實，即使沒有太陽，還是可以見到光明，因為這裡的月亮皎潔如洗，這裡的北極光會在天空中閃爍。

神奇的北極光變幻著各種顏色，就像一條飄動飛舞的彩帶，沿著北極頂點方向的天空飄過去。它有時像直瀉而下的瀑布，有時也像一把直指蒼穹的利劍。在北極光的照耀下，廣闊的雪原光芒四射，幾乎像白晝一樣亮。

不過，這裡的天氣冷得要命，還會有狂風、暴雪。有時暴風雪可以連下個五六天，可以把我們的小屋子給埋了。不過，我們是一個不怕困難的民族，年復一年地向著北冰洋的更深處深入；我們的北極探險隊，每年都會深入北極研究調查。

2. 旅鼠（lemming），是倉鼠科、田鼠亞科、旅鼠族的齧齒類動物之統稱，全世界約有四屬 18 種。本文中提到的應是歐旅鼠（Lemmus lemmus）。旅鼠體型細小，喜群居，主要分布於北極圈附近，包含北歐、美洲西北部，但俄羅斯南部草原，甚至蒙古等地也有。牠們繁殖速度快，且不冬眠，可終年生殖。一年能生 7、8 次，每次可生 12 隻左右，且出生 14 - 30 天後便可再交配繁殖，族群數量一年內可增加十倍以上。牠是世界上已知繁殖力最強的動物。旅鼠的食物是草根、草莖和苔蘚。牠的天敵頗多，貓頭鷹、賊鷗、雪鴞、北極狐、北極熊等均以旅鼠為食，尤其是雪鴞和北極狐，更是喜歡。一對雪鴞和牠們的子女一天就可吃掉約 100 隻旅鼠。挪威地區的旅鼠偶有集體入海溺斃的現象，原因不明，但其他地區的旅鼠並沒有這種情形發生。
3. 岩雷鳥（Lagopus muta），屬於松雞科，俗名雪雞，為苔原—亞寒帶針葉林鳥類。不懼生，極耐寒。主要分佈分布於全北界的凍土苔原帶和高山苔原帶。棲地類型除了北極苔原帶、高山灌叢、礫石草甸外，也會棲息於高山針葉林、高山草甸等，冬季會移居到較溫暖地區。以植物嫩枝、葉、根等為主食，嗜食樺樹葉。極善行走，飛行迅速，但不遠行。秋冬季常形成集團共同生活，數量有時可達數百隻；繁殖期則單獨行動。主要為地棲性，冬季會挖雪洞睡覺、休息。外形頗似柳雷鳥，但四季顏色不同，變化頗大。

頓河草原的無線電通報

我們這裡有時也會下點小雪，但是冬天並不長，也不像北方那麼冷酷，而且並不是所有的河流都會結冰。

野鴨從北方的湖裡飛過來，牠們就就留在這裡不走了。那些禿鼻烏鴉[4]（白嘴鴉）也從北方飛過來，停在我們的鄉鎮和城市裡。牠們在這裡有足夠的食物，能夠一直住到來年的 3 月中旬，然後再飛回故鄉。

在我們這裡，還有很多越冬的來客，牠們是從北方極地與苔原地帶南下的：像雪鵐[5]（ㄨ）、角百靈[6]、北極雪鴞[7]。北極雪鴞是一種巨大的鳥，牠們會在白天時捕獵。不然，夏季時在凍土地帶牠們怎麼生活啊？要知道，那裡的夏季是永晝啊！一天 24 小時都是白天。

遼闊的草原上，觸目所及盡是白雪。到了冬天，人們在地面上沒有活兒可幹，但是在地下的工作可多了：像現在，礦工正忙著在深邃的礦井裡用機器挖煤，然後用升降機將挖到的煤送上地面，再用火車將煤運到全國各地大大小小的工廠。

4. 禿鼻鴉（Corvus frugilegus），又名老鴉、風鴉。棲息於平原、丘陵、低山地帶的耕作區，有時會接近人群密集的居住區。成年個體體長可達 48 公分左右，除了嘴喙基部外，通體漆黑；但細看身體羽毛並非全黑，而是帶著藍紫色金屬光澤。喜成群活動，尤其到了冬季，常集結成龐大的鳥群，多者可達數千乃至上萬。在歐洲是常見鳥類，更是英國數量最多的鳥類。食性很雜，以垃圾、腐屍、昆蟲、植物種子為食，有時爬蟲類也吃。主要在歐洲、亞洲北部繁殖，於非洲北部及亞洲西南部或東部度冬。台灣偶見於平地，主要出現在台灣北部，包括台北、宜蘭、桃園、新竹等地，雲林、嘉義也有少數紀錄。
5. 雪鵐（Plectrophenax nivalis），雀科雪鵐屬，俗名雪雀、路邊雀。主要分佈於歐亞大陸、北美洲等極北地區到溫帶地區。多生活於低山、丘陵地帶的開闊區，有時也見於平原地區。雪鵐不怕生，極耐寒，適應能力強，可在惡劣環境下生存。喜好在地面活動及覓食。繁殖季食物以昆蟲及海邊無脊椎動物為主，其他時節則以草籽、漿果及嫩芽為食。越冬時會南遷至大約北緯 50° 左右的地區生活。繁殖於北極苔原凍土帶及海岸陡崖，營巢於地面，偶或築於樹木或灌叢之中。台灣曾有一筆發現紀錄，2001 年 4 月，桃園大園，推測應為冬季迷鳥。
6. 角百靈（Eremophila alpestris），為百靈科角百靈屬的鳥類，亞種分化很多，約 41 種。分佈於歐亞大陸，美洲、印度等地區。角百靈雄鳥前額白色或淡黃色，頭頂前部緊靠前額白色之後有一黑色橫帶，兩側有一對黑色的角羽，狀如兩支角，故謂之「角百靈」。牠主要以草籽等植物性食物為食，繁殖時則吃較多的昆蟲。本文提到的應是「角百靈北方亞種」（Eremophila alpestris flava），分佈於歐亞大陸北方。
7. 北極雪鴞（Bubo scandiacus），又名白鴞、雪貓頭鷹、白夜貓子，為晝行性鳥類，與其他鴟鴞科不同。主要分佈在環北極的高緯度地區，也於此區繁殖。由於生存環境極嚴酷，因此繁殖季節不像其他鳥類規律，常受到食物供給狀況的影響；如果食物極度缺乏，甚至會多年不繁殖，食物充足時一年繁殖一次。活動範圍大多在北緯 60 度以北，但也因為獵物數量變化很大，食物短缺時，常迫使牠們作週期性南遷，週期可能為 3 – 4 年，因此偶爾也會在北緯 60 度以南繁殖。雪鴞以極地常見的小型哺乳動物為食，主要包括旅鼠和幼年岩雷鳥，也會吃魚類和腐肉。視力非常好，聽力也很靈敏，即使是在茂密的草叢或是厚重的冰雪下，也能僅憑聲音來捕獵。雪鴞是屬於體形較大的鴟鴞類，是北極苔原地區的留鳥，為北極最具代表性的大型猛禽，翅展可達 1.5 公尺長。電影《哈利波特》中替哈利送信的白色貓頭鷹正是牠。

新西伯利亞原始森林的無線電通報

在我們這裡的原始森林，積雪越來越深。獵人們此時會踩上雪橇，成群結隊地到森林裡打獵。他們拖著一輛輛的輕便雪橇，上面載著生活必需品。領頭跑在他們前面的是獵犬，牠們都是北極犬，一個個豎起尖耳朵，拖著蓬鬆、卷成圈的大尾巴。

原始森林簡直就是動物的天堂。裡頭有很多毛茸茸的猞猁、白得耀眼的雪兔、雪白的白鼬[8]（現在人們常用白鼬的皮給孩子們做帽子）、碩大的駝鹿、藍色的灰鼠、棕色的雞貂[9]、珍貴的黑貂[10]、棕黃色的西伯利亞鼬鼠[11]（最上等的畫筆就是用鼬鼠毛做的）、銀鼠[12]（當年沙皇的皮斗篷就是用銀鼠皮做的）等。在這裡，還會看到花尾榛雞、松雞、棕黃色的玄狐[13]和火紅色的火狐[14]。牠們都是人類的美食。

熊已經在牠們隱秘的洞裡睡覺了。

獵人們往往會在大森林裡待上幾個月，並在小木屋裡休息睡覺。白晝總是那麼短暫，他們一天到晚都忙著捕捉野禽和野獸。他們的獵狗也在大森林裡跑來跑去，用鼻子東聞聞西聞聞，去尋找松雞、松鼠、西伯利亞鼬鼠和駝鹿，有時候還會找到睡得正香的灰熊。

8. 白鼬（Mustela erminea）又叫掃雪鼬、掃雪。體長 17 - 32 釐米，體重 42 - 260 克。身形細長，四肢短小，形似黃鼬。毛色隨季節不同，冬季毛色除了尾端黑色，全身純白。冬天出外活動時，尾巴拖行於雪地，留下尾跡，「掃雪」之名由此而來。牠的適應力很強，可棲息於村鎮附近的針葉林或混合林中，也可於草原、草甸及河湖岸邊灌叢等處生活。屬夜行性，黃昏時開始活動，但白天有時也會外出，活動範圍大多與獵物的作息有關。一般單獨行動，有固定的獵食區。會在領域內的石頭、樹樁、樹枝上留下肛門腺分泌物，以示主權。白鼬不善於挖洞，大多以岩隙、石堆、倒木、樹洞和石牆下洞穴為棲處。能爬樹和游泳。主要捕食鼠類，也吃野兔、鳥、蛙、魚等，偶而也吃植物漿果，捕食能力高強，是鼠類天敵。

9. 雞貂（fitchet），也被稱為雞鼬、臭貂，是一種害羞的動物，於夜間活動，較少被人發現。牠是鼬科動物，近親為雪貂（Mustela putorius furo）。嗅覺是雞貂非常重要的交流工具，雄貂只要聞一聞雌貂的嗅腺，就能知道對方的身體狀況。雞貂的嗅腺還能用來防身，當牠們感受到危險時，就會從體內排出一種奇臭難聞的氣體。雞貂是雜食性動物，牠的視力雖差，但嗅覺非常靈敏，捕獵的時候主要依靠鼻子。當雞貂嗅到一個新鮮的足跡便開始跟蹤，老鼠、兔子、鳥兒、蛇、青蛙，甚至連昆蟲都是牠的獵物，但特別愛吃雞，常會侵入雞舍偷獵，其名由此而來。

10. 黑貂，也叫林貂，即紫貂（Martes zibellina）。形似黃鼬，體長 30 – 40 公分；尾巴短而粗，末端毛很長；耳朵大；爪尖利，適於爬樹。這是一種特產於亞洲北部的貂屬動物，主要分布於烏拉爾山、西伯利亞、蒙古、中國東北以及日本北海道等地。紫貂以其皮毛聞名，黑色的皮毛價值最高。紫貂在白天獵食，食物包括哺乳類、鳥類和魚類，有時也吃漿果和松果。大多在森林地面築巢，在天氣惡劣或遭遇攻擊時，會躲在巢穴中，甚至將食物儲藏在裡面。

11. 西伯利亞鼬，即黃鼬（Mustela sibirica），俗名黃鼠狼或黃狼，也叫喜馬拉雅鼬者，鼬科鼬屬的小型食肉動物。體色棕黃色，主要分布在西伯利亞地區至西藏、泰國等地，中國很多地區也有分佈。主食為嚙齒類動物，偶爾也吃其他小型哺乳動物。與其他鼬科動物一樣，牠們體內也具有臭腺，可以排出臭氣，在遇到威脅時，可起嚇阻作用。民間諺語說「黃鼠狼給雞拜年－沒安好心」，實際上黃鼬很少以雞為食。黃鼬的毛適合製作畫筆或毛筆（狼毫）。

12. 銀鼠，即伶鼬（Mustela nivalis），又稱白鼠、雪鼬，為鼬科鼬屬的動物。身體細長，手腳跟尾巴很短，是世界上最小的食肉動物之一；在北極地區的伶鼬體形更小，重量僅 30 到 70 公克，平均身長約 13 公釐。分佈於歐洲、亞洲和北美洲北部。棲息於山地針闊葉混合林、針葉林、林緣灌叢處，喜乾燥地域。通常單獨活動，行動迅速、敏捷，視覺、聽覺和嗅覺都很靈敏。生性活躍，在嚴寒的冬季，氣溫常降至攝氏零下 50 度，但牠們仍可四處活動。伶鼬多在白天捕獵，主要以小型齧齒類動物為食，也吃小鳥、蛙及昆蟲等。牠們是貪婪的捕食者，也是厲害的獵人，擅長攻擊比自己大很多的動物。

當獵人們回家的時候，他們的雪橇上載滿了沉甸甸的獵物。

卡拉庫姆沙漠[15]的無線電通報

人們將沙漠稱為荒原，但是春秋兩季的沙漠並不像荒原——那裡同樣生機盎然。

夏冬兩季的沙漠才真是死氣沉沉的荒原。夏天時，除了炙熱的陽光，那裡一無所有，鳥獸找不到食物吃；冬天的時候，除了酷寒的天氣，那裡也是一無所有，鳥獸還是找不到東西吃。

在冬季，鳥類和獸類很多都搬家了。儘管有明亮的南方太陽升到這無邊無垠的雪原之上，但卻是徒勞無功的，沒有誰會欣賞這晴朗的天氣。陽光融化了積雪又能如何——反正雪底下也只有漫漫黃沙。至於那些無法搬家的動物們，像烏龜、蜥蜴、蛇、老鼠、黃鼠、跳鼠、昆蟲，此時都鑽到了沙漠底下深深的洞穴裡，早已不動彈了，看來是被凍僵、冬眠了。

狂風盡情地在曠野上肆虐著，沒有誰能阻攔它；在冬天，風就是沙漠的主人。

不過，我們相信這情形一定會改變的，因為人類正在征服沙漠。我們已經在這裡開鑿灌溉渠、植樹造林了。以後，就算在夏冬兩季，沙漠也會呈現一片生機勃勃的景象。

高加索山區的無線電通報

在高加索這裡，我們的氣候是：冬中有夏，夏中有冬。

即使在盛夏時節，灼熱的陽光也融化不了高聳入雲的山巔上常年之積雪和冰層，比如卡茲別克峰（為一休火山，位於喬治亞共和國）和厄爾布魯士峰（高加索山脈的最高峰，

14. 火狐，又稱紅狐或火狐狸，即赤狐（Vulpes vulpes）。廣泛分佈於歐亞大陸和北美洲大陸。因其漂亮的火紅色毛髮而得名，是體型最大、最常見的狐狸。體長 50 – 90 公分，尾長 30 - 60 公分，體重 5 - 10 公斤，最大的超過 15 公斤。身體背部的毛色多變，但典型的毛色是赤褐色。不過，若赤色毛較多，一般稱為火狐；灰黃色毛較多的，則俗稱為草狐。赤狐棲息於土洞、樹洞、石隙或其他動物廢棄的舊洞穴內。生性多疑，行動敏捷，聽覺靈敏。夜行性，天亮回洞抱尾而臥。捕食各種鼠類、野禽、鳥卵、昆蟲和無脊椎動物，也吃漿果、鼬科動物等，偶爾盜食家禽。善奔跑、游泳和爬樹。

15. 卡拉庫姆沙漠或中央卡拉庫姆沙漠（Karakum Desert, 土庫曼語：Garagum, 即「黑沙」之意），中亞地區大沙漠，佔據土庫曼共和國約 70%的國土，面積約 35 萬平方公里。其西面是裏海、北面是鹹海、東北面是克孜勒庫姆沙漠，東南面是阿姆河與興都庫什山脈。雨水稀少，年降水量不足 200 公釐。世上最大的灌溉運河——卡拉庫姆運河——橫跨在卡拉庫姆沙漠之上。運河全長 1,375 公里，每年輸水量達 13 - 20 立方公里。中亞鐵路橫貫卡拉庫姆沙漠。此地植被十分多樣，主要由草、小灌木、灌木和樹木組成。動物為數不多，但種類頗多。節肢動物有蟻、白蟻、蜱、甲蟲、擬步行蟲、蜣螂和蜘蛛等。爬蟲有蜥蜴、蛇和龜等。齧齒類則有囊鼠和跳鼠。

也是俄羅斯和歐洲的最高峰）。不過這些山峰能夠阻擋冬天的寒氣，所以我們這裡的山谷照樣有鮮花盛開，海岸邊也照樣能看到波濤洶湧。

到了冬天，羚羊、野山羊和野綿羊等都從山頂遷移到山腰生活，牠們不會再往下走了。冬天時山頂下雪，而山麓、山谷和平地下的卻是溫暖的雨。

今年的果園，橘子、柳丁、檸檬大豐收。花園裡，玫瑰盛開，蜜蜂飛來飛去地忙採蜜。在南面的山坡上，春花開放了，有黃色的蒲公英，有白色帶綠心的雪蓮花。在這裡，一年四季鮮花都會盛開，一年四季母雞都會下蛋。

當寒冷和饑餓降臨時，這裡的鳥類和獸類不必飛離和奔逃，牠們只需要從高處下到山腰、山腳或谷地裡，就可以吃飽睡暖了。

這裡也有很多有翅膀的來客，牠們是為了躲避北方嚴寒的落難者啊！像野鴨、丘鷸[16]、椋鳥、雲雀、蒼頭燕雀[17]，此時接踵而至。

儘管今天是冬至，白晝最短，夜晚最長，可明天就是陽光明媚、星星滿天的新年了。在我們國家的北冰洋，那裡的風雪還很大，天氣還很冷，朋友們也都不敢出門了；

但在最南方，出門不需要穿大衣，只穿一點衣服就會覺得暖和。

在我們這裡，可以觀賞高聳入雲的群峰，可以欣賞懸掛在晴空之上的月亮。而在山腳下，就是豐饒的黑海和裏海在輕輕地拍打著浪花。

16. 丘鷸（Scolopax rusticola），又稱山鷸、山沙錐、歐洲丘鷸，是一種廣泛分佈於歐亞大陸的涉禽。是沙錐的近親，外形也很相似。飛行緩慢。棲息於陰暗潮濕、林下植物發達、落葉層較厚的闊葉林和混合林中，有時也見於林間沼澤、濕草地和林緣灌叢地帶。遷徙期間和冬季，也可於開闊平原和低山丘陵地帶的山坡灌叢，竹林、甘蔗田和農田發現。夜行性的森林鳥。白天隱伏於地面，夜晚飛至開闊地進食，習性非常隱密，單獨活動，會以長嘴伸入濕土或落葉間探索獵物，主要以鞘翅目、雙翅目、鱗翅目昆蟲，或蚯蚓、蝸牛等無脊椎動物為食，有時也食植物的根、漿果和種子。繁殖於歐亞大陸和日本。冬季會往南遷徙。在台灣是稀有的冬候鳥，可於山區路邊的潮濕草叢或山溝間發現。

17. 蒼頭燕雀（Fringilla coelebs）是一種小型鳴禽，分佈於歐洲、北非至中亞，在歐洲是常見鳥類。繁殖期間棲息於森林中，遷徙期間和冬季，主要棲息於林緣疏林、次生林、農田、曠野、果園和村莊附近的雜木林內。常於地面取食，為雜食性鳥類，成鳥主要以禾本科植物種子為食，幼鳥則主要以為害禾本科植物的昆蟲為主。除繁殖、育雛階段外，蒼頭燕雀喜歡群居，秋季時易形成數百隻乃至數千隻的大群，稱為「雀泛」。生性聰明機警，有較強的記憶力，這和其他許多小型雀鳥不同。牠們在氣候比較溫暖的地區不遷徙，但在冬季會避開寒冷地區。蒼頭燕雀以其美妙響亮的歌聲而出名。

黑海的無線電通報

是的，黑海的微波輕輕地拍打著海岸，在溫柔海浪的沖刷下，沙灘上的鵝卵石懶洋洋地滾動著，好像是被催眠了一樣。深色的海水映出一彎細細的月牙。

暴風的季節已經過去了，那時是在秋季。秋季的大海的確很不平靜——波濤洶湧，濁浪排空，瘋狂的海水拼命衝擊著岩石，轟隆隆、嘩啦啦地嘶吼著，海水也會飛濺到岸上。不過冬季一到，強風就很少騷擾我們了。

黑海並沒有真正的冬季，只是水變涼了一些，或者是北海岸一帶會短暫地結一層薄薄的冰。

一年四季，大海總是蕩漾著波浪，海豚在嬉戲，鸕鷀穿梭於海面，天空經常可以看到海鷗來回打轉。各種船隻一年四季在海上航行，有漂亮的大汽船和輪船，有快艇，也有帆船。

在這裡，也有一些鳥兒飛來過冬了，大多是水鳥。其中有潛水鳥、潛鴨，還有下巴托著大肉帶的粉紅色胖鵜鶘（ㄊㄧˊㄏㄨˊ）——牠的口袋是用來儲存食物的。黑海的冬天與夏天一樣，熱鬧非凡，並不會死寂單調。

來自《森林報》編輯部的總結

這裡是列寧格勒《森林報》的編輯部。

大家都看到了，我們國家的春夏秋冬四季各地不同，景色各異！

不論你身處何處，不論你住在哪裡，到處都有美麗的景色供你欣賞，到處都有很多事業等著你來完成——你可以發現我們國家新的美景，開發新的財富，從而建設全新的、更美好的生活。

這今年的第四次，也是最後的一次，無線電通報就此結束！

再會！再會！

我們明年再見！

自學森林知識

在森林、田野和果園裡，你要看看在雪地裡留下了什麼鳥、什麼野獸的足跡。

每個人都可以做到這一點，這會有助於你閱讀冬季森林這本書。

幫幫小鳥們

在冬季，森林裡的小鳥們日子難熬啊，牠們要躲避寒冷的侵襲，如果找不到合適的住所，就會被凍死。

這時候，大家要向牠們伸出援手——把圓木挖空，讓小鳥們可以在裡面過夜；而在田野裡，也要為山鶉準備過夜的窩：用雲杉枝條和苔蘚做成的小窩。

幫助山雀和鳾

山雀和鳾（ㄕ）[18] 喜歡吃油脂，但油脂含有鹼，牠們吃了後肚子會痛。

這時候，如果想邀請牠們到自己的家裡做客，要把牠們喂得飽飽的，可以這樣做：

找來一根木棍，在上面挖出一排小孔，在小孔中澆上豬油或牛油。等到豬油或牛油冷卻，再把小木棍放到窗檯，或者是掛在窗外的樹上。

這時候，山雀和鳾就可能飛過來啄食。為了答謝你的款待，牠們會向你表演舞蹈，例如在枝頭打轉，在那裡來回翻跟頭並跳躍著。

18. 鳾，即鷉，鳾為俗字。音：ㄕ。鳥綱雀形目鳾科鳾屬的鳥類。分佈在歐、亞和澳洲。常在樹幹、樹枝、岩石上等處覓食（昆蟲、種子等）。有很特殊的生活習慣：喜歡在樹洞裡築巢，還會儲存食物以過冬，而且是唯一一種能 頭向下 尾朝上 往下爬樹的鳥類，號稱「鳥中壁虎」。台灣有茶腹鳾（Sitta europaea），是有名的鳥壁虎，身長約 12 公分，普遍分布在中高海拔山區樹林中、上層，低海拔偶而可見。以樹皮裂縫中的昆蟲或小型無脊椎動物為食，單獨或成小群在樹幹上攀爬覓食，行動速度極快，有時候會與別的鳥種混棲活動。築巢於樹洞，或者利用啄木鳥的舊巢；領域性極強，會為了搶佔巢位和棲地，彼此爭戰。牠們會在入冬之前開始儲糧，以度過山區的嚴寒。

為小鳥建造住房

森林裡的鳥類朋友，在冬天隨時要受到饑餓和寒冷的迫害，為了幫助牠們，人們可以為其建造溫暖的小住所——最好是準備樹洞式的小窩，這樣，牠們就可以比較安全地躲過寒冬。這些小鳥，為了躲避寒風和暴雪，常會飛到屋簷下、臺階下過夜。有時，甚至可以看到，牠們在郵箱裡過夜呢！

如果要為牠們準備臨時的鳥窩，請好人做到底，要在窩裡鋪上柔軟的乾草、碎布或棉毛，讓牠們可以睡得更安穩。

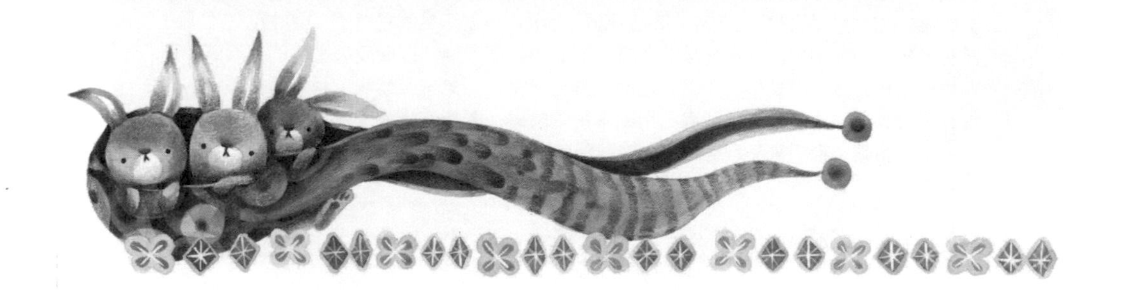

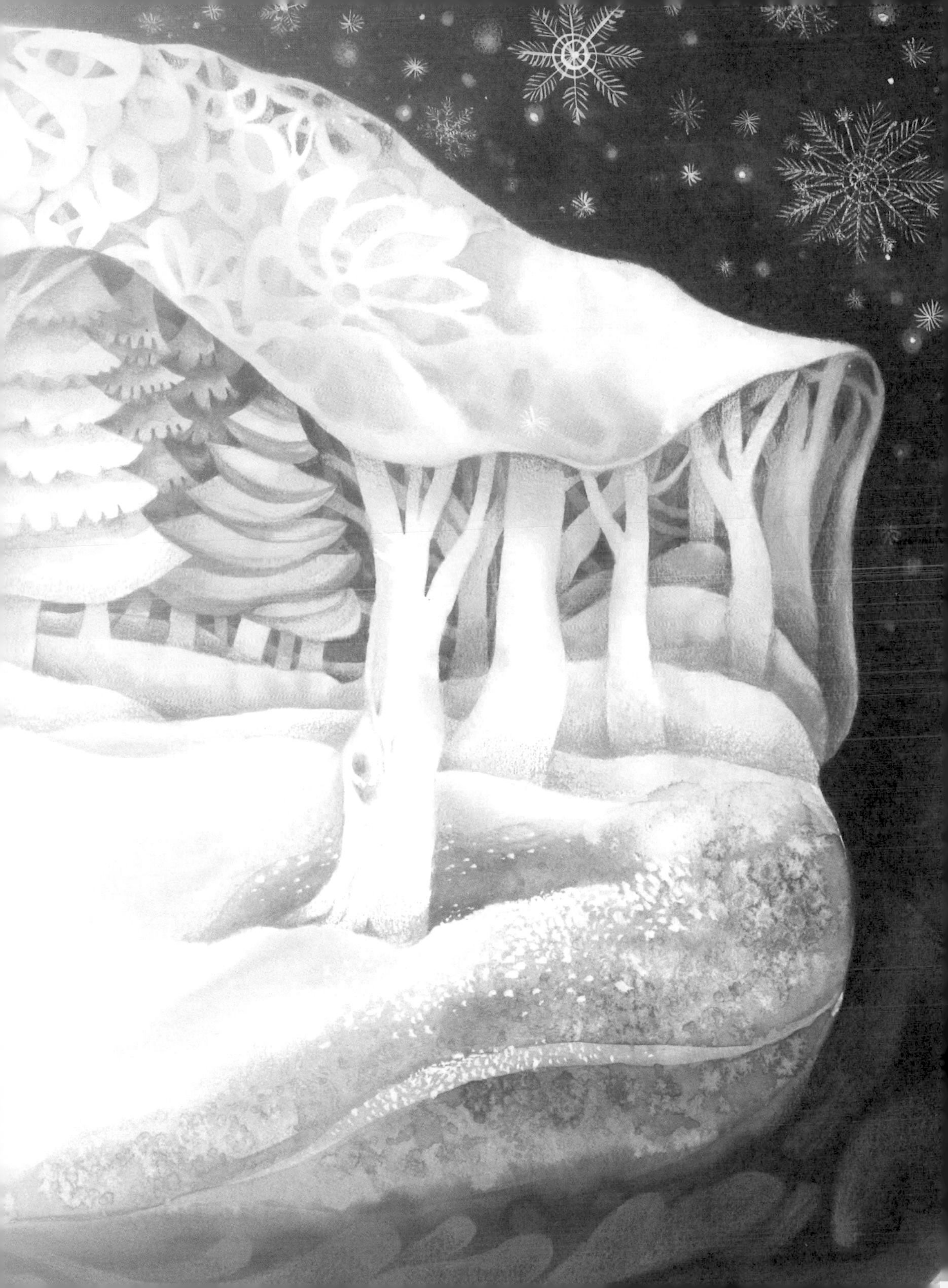

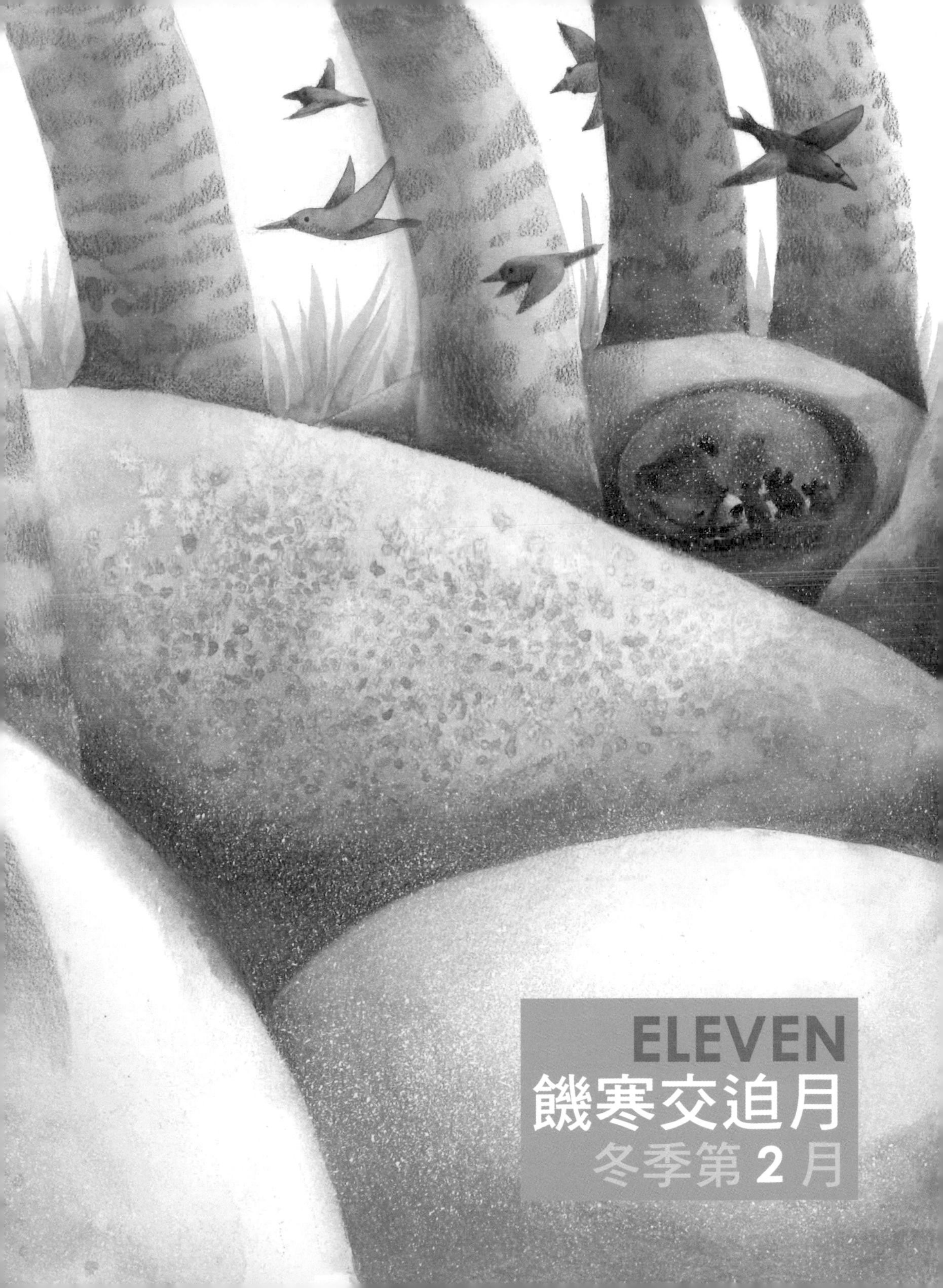

ELEVEN
饑寒交迫月
冬季第 2 月

從冬到春轉折的一月

用老百姓的話來說，一月是從冬天到春天的轉折，一月是一年的開始，是冬季的中點。

到了新年，白晝開始越來越長，就像是兔子的跳躍似的。此時，大地、森林和水都被白雪覆蓋了起來，一切的一切，都好像進入了沉睡的狀態。

在這個艱難的時日，各種生命都會佯裝死亡：花草枯萎了，樹木也停止了生長，但是它們都沒有真的死去。

在寂靜無聲的白雪覆蓋下，表面上看起來死氣沉沉，其實底下蘊藏著無窮的生命力，各種生物正在積蓄生長繁衍的力量。而像松樹、雲杉等，則把自己的種子包在毬果裡，伺機而動。

那些冷血的動物都藏起來了，牠們都不動了，但是卻沒有死去；就連螟蛾這樣柔弱的小生靈也沒有死，而是躲進了各種不同的避難所裡。

至於鳥類，牠們很少會冬眠，因為牠們是溫血的。其他的動物，包括小老鼠，則是整個冬季都奔走忙碌著。此時，睡在雪下面的母熊，還生下了一窩沒有睜開眼睛的小熊，母熊入冬不進食，卻要給自己的小熊餵奶，一直餵到開春，讓人覺得有點奇怪！

森林裡的大事情

林子裡好冷，好冷啊

凜冽的寒風開始在田野裡遊蕩，開始在山楊和白樺樹間穿梭。它會鑽進飛禽緊縮的羽毛深處，也能鑽進野獸厚實的皮毛深處，簡直能把鳥獸的血液凍僵。

這些鳥獸在這冰天雪地裡幾乎沒有立足之地，無論是蹲在地上，還是棲在枝頭，都凍得瑟瑟發抖，必須或跑或跳或飛，才能稍稍暖和一點點。

這時候，誰要是有暖和的小窩，誰要是儲存了足夠的食物，日子就會好過一些；牠們可以吃得飽飽的，然後把身子蜷縮成一團，蒙起頭來安穩地睡個大覺。

吃飽了就不怕冷

此時鳥類和獸類最大的願望是填飽肚子，吃飽可以使牠們的體內發熱，可以使血液變得更熱一些，就會有一股暖氣在全身的血液中流動。在皮下有一層脂肪，那是毛皮大衣最好的襯裡。

如果食物足夠，冬天牠們就不會害怕，只是去哪裡找

食物充饑呢？

狼、狐狸此時在森林裡來回走動，可森林裡空空蕩蕩，鳥獸有的藏起來、有的飛走了。在白天，會看到烏鴉飛來飛去；在夜晚，會看到雕鴞飛來飛去，牠們是在尋找食物，可是找不到啊！

冬天的森林真的很餓，餓得發慌！

一個一個接著吃

忽然，一隻烏鴉發現了一具動物的屍體，牠興奮地大叫了起來：「呱，呱，呱！」立刻，召喚來了一大群烏鴉，牠們準備就餐。

此時，已是黃昏，天色漸漸地暗了下來，月亮也出來了。

就在這時，從林子裡發出了「嗚——嗚嗚」的聲音。

烏鴉們嚇得飛走了，卻從林中飛來了一隻雕鴞，牠俐落地停在動物的屍體上。

雕鴞正用尖利的嘴巴撕著肉，耳朵轉動著，眼睛閃著金光，卻聽到雪地上傳來一陣沙沙的腳步聲。

雕鴞即時飛上了樹，牠看到一隻狐狸跑了過來。

狐狸「喀嚓喀嚓」吃了幾口，還沒吃飽呢，竟又來了一隻狼。狐狸也只好逃跑了。

狼撲到了動物屍體上，豎起渾身的毛，牙齒像小刀子似的，撕咬著屍肉，牠還不時地抬抬頭，好像在說：你們誰都別給我靠近！然後，得意地吃著。

忽然間，從狼的頭頂傳來了一種渾厚的吼叫聲，狼嚇得夾著尾巴一溜煙跑了。原來是森林的熊主人大駕光臨了。

熊吃飽後回去睡覺了，狼跟著出來了。

狼吃飽後，狐狸來了。

狐狸吃飽後，雕鴞來了。

雕鴞吃飽後，那些首先發現的烏鴉飛來了。

但這時候，天也快亮了。這具動物屍體已經被吃了個精光，只剩下一些殘餘的骨頭。

植物的芽在哪兒過冬

現在，所有植物都處於休眠狀態。它們在準備迎接春天，準備開始發芽。不過，這些芽在什麼地方過冬呢？

對於高大的樹木來說，它們的芽是高高地懸在地面上過冬的；其它小草的芽則各有各的生長方式。

像繁縷[19]，它的芽是被包在未脫落的枯葉裡過冬。它的芽是綠色的，不過葉子在秋天時就枯黃了，所以從外面看來，它好像死了。

另外像蝶須[20]、卷耳[21]、草石蠶[22]，以及其他低矮的小草，不僅會在積雪下保全嫩芽，而且把自己也保護得好好的，以便等待在春天煥發生機。

這些小草的芽都是在地面上過冬的，儘管它們離地不算高。

蒲公英、酸模[23]、草莓、三葉草[24]、千葉蓍[25]的芽也在地面上過冬，這些草的芽是由綠色的葉簇包裹著。

但還有很多別的草，它們的芽過冬方式就不一樣了。例如草藤、艾蒿（即艾草）、旋花、睡蓮和驢蹄草，此時只剩下腐爛的莖和葉子，如果要找它們的芽，得緊挨著地面

19. 繁縷（Stellaria media），為石竹科繁縷屬，一年或二年生草本植物。別名：鵝腸菜、五爪龍、野墨菜、和尚菜。莖纖細，圓柱形，有縱棱，莖表一側有一行短柔毛，匍匐於地面；莖多分節，由節上生出直立枝，肉質多汁而脆。春夏開白色小花，聚繖花序，化著生於頂端或葉腋。嫩莖葉可食用，全株可入藥、釀酒，亦可作飼料。繁縷台灣有六種，從平地到高山都有分佈。

20. 蝶須（Antennaria dioica (Linn.) Gaertn），菊科蝶須屬。分佈在歐洲各地、中亞、西伯利亞、蒙古、北美北部以及中國大陸等地，多生長於中高海拔地區。為矮小多年生草本，有簇生或匍匐的根狀莖；匐伏枝平臥地表，葉密生於莖上，有絨毛。花期 5 - 8 月。花莖直立，不分枝，細弱，被密棉毛，花朵秀麗。西歐著名的傳統草藥。

21. 卷耳（Cerastium arvense），石竹科卷耳屬，一年或二年生草本植物。高約三十公分，全株被細毛。葉對生無柄，嫩葉可食。春夏間開白色小花。卷耳亦稱「蒼耳」或「耳璫」。《詩經．周南》有一首詩，即以「卷耳」為名，描寫妻子懷念遠征丈夫的心情。分布於歐亞大陸及北美等地，生長於中高海拔山區。卷耳台灣也有分布，相當常見。台灣另有台灣卷耳（細葉卷耳）、玉山卷耳（高山卷耳）、合歡卷耳（玉山卷耳變種）、小瓣卷耳、荷蘭卷耳（歸化種）等。

22. 草石蠶（Stachys sieboldii Miq. 或 Stachys affinis Bunge），唇形花科草石蠶屬（水蘇屬）多年生宿根草本植物，地下莖具一環一環的短節，色白，形似蠶體，質地硬脆，故名石蠶。別名很多，如地蠶、寶塔菜、螺絲菜等；學名也很多，學界尚未統一。莖直立，高約 20 - 50 公分，莖方形四稜，在稜及節上有硬毛，全株則密生細毛。葉對生，長卵形，有鋸齒緣，春至夏季開花，花冠淡紫色。臺灣地區有零星栽培，供作蔬菜或藥用。二十世紀末曾被大肆推廣，號稱新鮮的「冬蟲夏草」。

23. 酸模（Rumex acetosa L.），蓼科多年生草本植物，歐洲和西亞大多數的草原均可見到其蹤跡。亦稱為「蘼蕪」。酸模含有豐富的維他命 A、維他命 C 及草酸，草酸導致此植物嚐起來有酸溜口感，常被作為料理調味用。

24. 三葉草（Trifolium L.），豆科三葉草屬，一年生或多年生草本植物，又名車軸草。它有特別長的根系，可適應不同的氣候和土壤條件，在旱季亦可生存。歐美曾大量栽培作為牧草、綠肥作物或者觀賞植物。分布于全世界溫帶地區。台灣於 1910 年代曾引進「白花三葉草」作為牧草、水土保持植物，偶爾也供觀賞用。梨山果農及蜂農也曾引進，欲作為蜜源及地被植物，藉以改良土質（固氮），目前在梨山、武陵農場、清境農場、阿里山等地都可見其蹤跡。

25. 千葉蓍，即蓍草（Achillea millefolium），又名歐蓍、鋸草、洋蓍草、絲葉蓍、羽衣草，是菊科蓍屬的多年生草本植物。廣泛分佈於北半球各地。莖直立，包有白色柔毛。根出葉有短柄，於基部叢生，莖生葉無柄，葉片邊緣有銳鋸齒。花莖硬挺帶葉，花色很多。千葉蓍全草可入藥，西方傳統以蓍草做為傷藥使用。在中國古代的《易經》中，用蓍草乾燥的莖來占卜；中世紀的歐洲，用來作為啤酒的添加劑，其嫩芽也常作為蔬菜食用。台灣曾引進栽培，作為藥草，民間通稱蜈蚣草。

的泥土下尋找。

還有一些草類，會把自己的芽藏在較深的地下過冬。像款冬、鈴蘭、柳穿魚[26]、銀蓮花[27]、柳蘭[28]和舞鶴草[29]，它們的芽長在根莖上；像野蒜[30]、大蒜和頂冰花[31]，它們的芽也在地下鱗莖上過冬；而像紫堇[32]，它們的芽是長在塊莖上過冬。

這就是生長在地上的植物們過冬的方式；水生植物的芽，則會在池底或湖底的淤泥裡過冬。

H. 帕甫洛娃

小木屋裡的山雀

在挨餓受凍的日子裡，森林裡的每一頭野獸、每一隻鳥兒都會想盡辦法向人類村落靠近。有人類的地方比較容易找到食物。

饑餓能讓那些鳥獸戰勝恐懼。由於饑餓難耐，這些本來害怕人類的林中居民，也不再管人類是否會傷害牠們了。

黑琴雞和山鶉此時會鑽進打穀場和穀倉；灰兔總往人

26. 柳穿魚（Linaria vulgaris Mill.），玄參科柳穿魚屬，一年生草本植物，又稱彩雀花、姬金魚草、小金魚草、二至花。原產於北非至歐洲南部地中海沿岸。主根黃白色，細長，植株嬌小纖細，多分枝，直立叢生狀，莖上部光滑無毛或有黏質短柔毛。總狀花序，頂生，花色艷麗多變。除作為觀花植物，也可入藥。園藝品種很多。

27. 銀蓮花（Anemone cathayensis Kitag.），毛莨科銀蓮花屬，一年生或多年生草本植物。廣布於世界各地，常見於北溫帶的林地和草甸，以及海拔 1000 至 2000 米的山地草坡、山谷。在歐洲，此花象徵復活節，故又稱「復活節花」；因其開花時似為風所吹開，故又名「風花」。銀蓮花品種很多，有許多種花朵豔麗，顏色多變，而被栽培在園林中，是花卉交易市場上的大宗植物。台灣有匍枝銀蓮花（Anemone stolonifera Maxim.），為蔓性草本植物，台灣的特有種，分佈於中北部高海拔山區，喜生長於森林中，或山谷及較潮濕的草地、箭竹林中。

28. 柳蘭（Epilobium angustifolium sp. angustifolium），柳葉菜科柳葉菜屬。別名鐵筷子、火燒蘭、糯芋。多年生的粗壯草本植物。根狀莖廣泛匍匐於表土層，約長達 2 公尺左右，粗可達 2 公分，木質化，且會自莖基部生出強壯的越冬根。總狀花序長穗狀，生於莖頂；花大而多，紅紫色。生長於海拔較高的林緣、林間、山坡草地、河岸草叢及火燒或伐跡地，為陽性先鋒植物。柳蘭地下根莖生命力強，易形成大片群體，開花時十分壯觀，且其花穗長大，花色豔美，是理想的賞花植物，也是重要密源植物。嫩苗汆燙後可作沙拉；莖葉可作豬飼料；根狀莖可入藥；全草含鞣質，可制栲膠。本種廣泛分佈於北溫帶及以北地區。

29. 舞鶴草（Maianthemum bifolium），百合科舞鶴草屬，多年生矮小草本植物。分布於歐亞大陸北及北美洲。根狀莖細長匍匐。莖直立，不分枝。基生葉 1 枚，到花期時即凋萎；莖生葉 2 枚，互生於莖的上部。總狀花序頂生。漿果球形，紅色到紫黑色。生高山林下。

30. 野蒜（Allium macrostemon Bunge），百合科蔥屬，多年生草本植物。又名薤白、賊蒜、野小蒜、小根蒜、山蒜、野蔥、細韭等。植株高約 70 公分。鱗莖近球形，外被白色膜質鱗皮。葉基生，葉片線形，長 20 - 40 公分。總狀花序，近球形，頂生。主要生長於山坡、草叢中。鱗莖作藥用，也可作蔬菜食用；嫩莖葉亦可食。台灣亦有野蒜頭（Allium thunbergii G. Don, 1827），別名山韭、山薤。鱗莖卵形。葉線形，長 30 - 40 公分。花白色。為台灣特有種。

31. 頂冰花（Gagea lutea），百合科頂冰花屬，多年生草本植物。頂冰花屬種類很多，約 70 種，主要分布於歐洲、地中海區域和亞洲溫帶地區。多數於早春開花，壽命很短。株高約 10 - 25 公分；基生葉 1 枚，條形；花葶上無葉（花莖），繖形花序，花黃色。因其在冰天雪地裡仍可發芽開花，因此花名頂冰。多生長於山坡地和河岸草地。全株有毒，以鱗莖毒性最大。

32. 紫堇（Corydalis edulis Maxim.），別名楚葵、蜀堇、苔菜等，罌粟科紫堇屬，一年或多年生植物，高 20 - 50 公分，具主根。花粉紅色至紫紅色，花枝花葶狀，常與葉對生。全草能入藥。台灣也產紫堇，有 8 種：東北角海邊及濕地可見伏莖紫堇；另一種分佈較廣，自平地至中海拔山區都有，稱刻葉紫堇。

們的菜園子裡面跑；雪兔頻頻跑到村子邊的乾草堆裡吃乾草；白鼬和伶鼬會到地窯裡捉老鼠。

在我們《森林報》通訊員住的小木屋裡，有一天，有一隻山雀勇敢地飛進屋裡來了。牠的羽毛是黃色的，兩頰是白色的，在胸膛上有一條黑紋。牠根本無視工作人員的存在，開始大搖大擺地在餐桌上吃麵包屑。

房主人關上了門，山雀就成了俘虜。

牠在小木屋裡住了一個星期，沒有人動牠，也沒有人餵牠，牠卻一天天地胖起來了。牠一天到晚在屋子裡尋找吃的東西：不是找蟋蟀、就是找蒼蠅，要不然就是撿拾食物碎屑。夜晚，牠就睡在俄式壁爐後面的窄縫裡。

幾天以後，山雀吃光了所有的蟑螂、蒼蠅，就開始吃起麵包，而且什麼東西牠都會啄：書本、紙盒、塞子，只要進到牠的視線，牠都要啄一啄！

這時候，房主人只好打開門，把這個小巧玲瓏的不速之客趕出去了。

我和爸爸獵兔子

一天清早，我和爸爸去打獵。天氣真的好冷啊！在雪地上有很多腳印。爸爸說：「這是新的腳印，在不遠處一定有隻兔子。」於是，我順著腳印走，往前察看；爸爸卻停在原地等待。

兔子如果被人類從躲藏的地方趕出來，牠往往會兜一個圈子，然後順著自己的腳印往回跑。

腳印很長，我走著走著，發現腳印很多，只好繼續往前走。不一會兒，我發現兔子蹲在一棵柳樹下面，我就把兔子給趕出來了。牠從躲藏的柳樹下面兜了個圈子，又順著自己的腳印往我剛剛過來的地方跑去。

我站著不動，焦急地等待著槍聲。一分鐘過去了，又過了一分鐘，終於聽到寂靜的樹林裡發出響亮的槍聲。我向槍聲的方向跑過去，看見了爸爸，也看見了離爸爸約十公尺遠的地方已躺在雪地上的兔子。我走過去撿起兔子，和爸爸帶著獵物高高興興地回家了。

駐林地記者 維克多·達尼連科夫

野鼠走出了森林

住在森林中的野鼠很多，牠們的食物已經不夠了，還為了躲避伶鼬、白鼬、黃鼬和雞貂等動物的捕食，紛紛地逃出了自己的洞穴。

這時，牠們看到大地和森林都覆蓋著厚厚的白雪，牠們不知道去哪裡找東西吃，在那裡嘰嘰地叫著。牠們想起了人類的倉庫，但去那裡偷東西要隨時警惕著。

伶鼬會跟在野鼠的後面，抓住牠們然後吃掉；只是伶鼬太少了，仍可以看到大量的野鼠走出森林。

這時候就需要我們人類保護好糧食，以免受到這些動物的毀害！

交嘴雀的秘密

現在，林中的居民都是饑餓難耐。林中的法則是這樣的：動物們要想辦法逃過饑餓和寒冷，而哺育下一代的事根本不需要去想；到夏天食物會充足，那才是繁衍後代的季節。

可是，那些在冬天有足夠食物的動物們，就不需要服從這個法則了。

很湊巧地，我們《森林報》的通訊員在一棵高大的雲杉樹上發現了一個小鳥的窩巢。小鳥窩旁的樹枝上到處是積雪，可在小鳥窩裡卻有幾顆鳥蛋。

第二天，我們《森林報》的通訊員又到那裡。天很冷，他們的鼻子都被凍得很紅。可是當他們往鳥窩裡看時，那幾顆鳥蛋都已經孵化了，雛鳥已經破殼，身子光溜溜的，眼睛閉著，正躺在雪中呢！

怎麼會有這麼奇怪的事？

其實仔細想想並不奇怪，因為這是交嘴雀的窩，裡面是剛出生的小交嘴雀。

交嘴雀不怕寒冷、也不怕饑餓，一年四季都可以在森林裡看見這種小鳥。牠們興高采烈地彼此呼應，從這棵樹飛到另一棵樹，從這一片森林飛進另一片森林。牠們過著流浪的生活，今天在這裡，明天就會到別的地方。

在春天，多數鳴禽都會選擇配偶，做巢育雛，直到小鳥出生成長。可是交嘴雀卻在這時候滿林子裡亂飛，哪裡也不願多待。

在牠們熱鬧的鳥群裡，可以看到成鳥和幼鳥飛在一起，好像幼鳥是在空中飛行的時候誕生似的。

在我們列寧格勒，有些人還稱呼交嘴雀為「鸚鵡」，因為牠們像鸚鵡一樣，有一身鮮豔的服裝，還能像鸚鵡一樣在細杆子上爬來爬去、轉來轉去。

雄的交嘴雀羽毛是紅色的，雌交嘴雀和小交嘴雀的羽毛是綠色和黃色的。

交嘴雀的腳爪喜歡抓東西、嘴喜歡叼東西。牠們會頭朝下、尾巴向上，並在細杆上用嘴咬住細杆的下面，就這樣倒掛著。

令人奇怪的是，在交嘴雀死後，牠們的屍體過很長時間也不會腐爛。老交嘴雀的屍體可以保留二十年，甚至不會發臭，也不會掉羽毛，就像埃及的木乃伊一樣。

但最有趣的是交嘴雀的嘴。除了牠們，任何鳥類都沒有這樣的嘴巴。

交嘴雀的全部秘密都在這張嘴上：有關於牠的一切奇怪行為，都可以通過牠的嘴得到解答。

牠們的嘴上下交叉著，上半片往下彎，下半片往上翹，牠們的本領基本上全靠這張嘴巴。在牠們出生的時候，牠們的嘴巴是直溜溜的，和其他的鳥兒別無兩樣。可是等牠稍微長大一點，就開始從雲杉和松樹毬果裡啄松果。那時，

牠那柔軟的嘴就漸漸彎曲了，以後的一輩子就都是這個樣子。這樣的嘴型對交嘴雀大有好處，方便牠們把松子從毬果裡鉗出來。

這樣你就能明白，交嘴雀為什麼總在森林裡遊蕩了。牠們看到哪兒的毬果最多最好，就會飛到那裡。今年列寧格勒由於毬果大豐收，就見到了很多交嘴雀。明年，如果北方某個地方的毬果很多，交嘴雀就會飛到那裡。

從這裡也可以得知，為什麼冬天的時候交嘴雀照樣可以歌聲嘹亮、孵化幼鳥呢？

因為冬季的食物像夏季一樣充足，牠們當然要歡唱、當然要孵幼鳥了。再說，牠們的巢裡有絨毛、羽毛和獸毛，既柔軟又舒適，怎麼能不高興呢！

雌交嘴雀從生下第一個蛋後，就不再離巢，飲食由雄交嘴雀負責打理。

雌交嘴雀待在巢裡，努力孵著自己的蛋；等到幼鳥破殼後，媽媽就會把自己在嗉囊（鳥類的特殊消化器官）裡已磨軟了的松子或雲杉子吐出來餵牠們。

松樹和雲杉樹上一年四季都有毬果，對牠們而言，那是取之不盡，用之不竭的食物。

配對成功的交嘴雀通常會離群而居、單獨做巢，以便生兒育女。牠們繁殖的季節不固定，所以一年四季裡，人們都可以在林子找到交嘴雀的窩。等到幼鳥長大了，一家子又會重新返回鳥群。

那為什麼交嘴雀死後會變成木乃伊呢？

原因就在於牠們以毬果為食。松子和雲杉子裡面含有大量松脂，而交嘴雀一生要吃掉很多松子、雲杉子，全身早已滲透著松脂，就像被柏油浸透的皮靴一樣，怎麼會腐爛呢？！

埃及人也是在死去的人身上塗抹了松脂，才使死屍變成了木乃伊。

灰熊睡在樹上

在秋季末，一頭灰熊（Ursus arctos）在長滿雲杉的小山坡上，給自己找了一個做窩的好地方。牠用腳爪抓下許多雲杉樹皮，送到小山坡上的一個坑裡，然後鋪上了軟綿綿的苔蘚。同時牠啃倒了周圍的幾棵小雲杉，在坑上方做成一個小窩棚，然後鑽了進去，舒舒服服地開始睡覺了。

可是，不到一個月，這個洞就被獵狗發現，灰熊好不

容易才逃脫了獵人的追捕。因為找不到適合的洞穴，牠只好睡在雪地上，但運氣不好，後來還是被獵人找到了，牠只好再一次逃命。

這一次，牠終於找到一個好地方，藏得很好，誰也料想不到牠竟會躲在那裡。

直到春天，人們才發現，牠是在樹上度過了這個冬天。牠冬眠的這棵樹，樹幹不知什麼時候被風吹折了，它沒死，卻倒著生長，長成了一個天然的大樹窩。夏天，老鷹來到這裡，把軟草鋪在裡面，哺育完幼鳥後就飛走了；沒想到冬天時，這隻受到獵人驚擾的灰熊，無處可躲，竟爬上了樹，意外找到了這現成的好窩，安穩地睡了一大覺。

免費食堂

由於鳥兒正艱困地忍受寒冷與饑餓，那些住在城市裡善良的居民，為牠們開辦了免費的食堂。有的在花園裡，有的在窗臺上。在這些免費食堂裡，有小塊麵包、牛油和穀物。

此時，山雀、黃雀、藍雀、褐頭山雀、白腰朱頂雀，還有其他一些冬天的小客人，都成群結隊飛到這裡來了。牠們吃著免費的食物，避免了饑餓。

學校裡的生物角

俄羅斯的每個學校，都設立有「生物角」。生物角放置著很多的箱子、罐子、籠子，裡面養著各種各樣的動物，這些動物是孩子們在夏天時捕捉回來的。現在孩子們很忙，他們需要給這些動物餵食，佈置好合適的住處並看管好，不讓牠們逃跑。生物角裡的動物有鳥、有獸、有青蛙、有蛇，還有昆蟲。

森林報的記者到了其中一個學校，孩子們給我們看了一本夏天時的日記。可以看得出來他們收集這些東西不是毫無緣由、隨意的，而是有目的的。

在 6 月 7 日的日記寫道：「我們今天貼出了一張告示，號召大家把收集到的動物都交給值日生。」

在 6 月 10 日的日記寫道：「今天，圖拉斯帶回一隻啄木鳥，米羅諾夫交了一隻甲蟲，加甫里洛夫則帶來一條蚯蚓，雅科甫列夫拿的是在蕁麻上常見的瓢蟲和木蠹，鮑爾曉夫帶回一隻籬雀[33]的幼鳥……」

日記上差不多每天都會有這樣的記載。

「在 6 月 25 日，我們到池塘邊去，在那裡我們捉了很多蜻蜓的幼蟲和別的蟲子。我們還捕捉了水蠍子、水蚤，還有青蛙。」有的孩子還把他們捉

到的動物描寫了一番：「我們捉到了青蛙，青蛙有四隻腳，在每隻腳上有四個腳趾頭。青蛙的眼睛是黑色的，在牠的鼻子上有兩個小洞，牠的耳朵很大。青蛙是對人類很有益的動物。」

在冬天，學生們還在商店裡買了一些來自其他地方的動物，像烏龜、金魚、天竺鼠、羽毛鮮豔的鳥類等。一走進生物角，就可以聽到動物們的各種尖叫、嘶鳴聲，牠們的叫聲混雜在一起，好像不知道他們已經來到了異域他鄉呢！

這裡有很多動物，有的毛茸茸的，有的渾身光溜溜的；有些翅膀上長著羽毛，有些翅膀上卻沒羽毛，簡直就是一個動物園！

孩子們還想出了一個辦法，希望能增加自己學校的物種：那就是校際之間彼此交換小動物。在夏天，有一個學校的學生捉到了很多條鯽魚，另一個學校的學生則養了很多家兔，多到無處可放。於是，

33. 籬雀，即林岩鷚。英文名：Hedge Sparrow、Hedge Accentor、Dunnock，學名：*Prunella modularis.* 岩鷚屬岩鷚科，分佈於歐亞大陸的中部以北及非洲北部。體型似鵐或麻雀，夏天以昆蟲為食，冬天也吃種子和漿果。主要在山區繁殖——鳥蛋顏色是非常漂亮的寶藍色，在低海拔處越冬。林岩鷚是岩鷚家族中在低地分佈最廣泛的種類，常在樹籬和灌木叢中營巢，因此也被叫作「荊棘鳥」。台灣有岩鷚，為特有亞種，是台灣分佈海拔最高的鳥類，生活在高海拔山區的岩石、道路及山坡等處。

兩校學生就進行了交換，用四條鯽魚換回了一隻家兔。

生物角，是由低年級的學生設立的，他們也忙得喜孜孜的。對於年紀大一點的學生，他們在各自的學校裡都組織了少年自然科學家研究小組。

在列寧格勒的一個青少年創造研究院裡，也有一個研究小組，匯集的是每個學校選派的優秀少年科學家。在這裡，研究動物的可以學到怎樣觀察和捕捉動物、怎樣照料和飼養動物；研究植物的則可以學到怎樣採集、晾曬，以及製作植物標本。

每一學年，從開學到學年結束，小組隊員常在學期中到郊外熟悉各種生態環境；暑假一到，他們就會一起出發到離列寧格勒很遠的地方去考察，在外面一住就是一個月。每一個人依照分工，各自忙著自己的事情。研究植物的人採集植物標本，獸類學研究者捕捉動物，鳥類學研究者會尋找鳥窩、觀察鳥類的一舉一動，而那些爬行動物的研究者會捕捉青蛙、蛇、蜥蜴等，另外一些水生生物研究者則研究魚和各種水中動物，昆蟲研究者努力搜集蝴蝶、甲蟲、黃蜂、螞蟻。

這些少年從小就研究米丘林[34]的學說，並親自實踐，在學校的實驗農地上種植果木和常見的林木等。園地雖然不大，但收獲卻不少。

他們所有的人都會對自己的觀察與工作詳細記錄。

無論是颳風、下雨，或者是寒天、酷暑，這些少年研究者始終在田野、牧場、河川、湖泊和森林裡奔走，甚至牧場中的農事也列入他們的觀察裡。他們正努力研究著我們國家的各種生物資源。

在這個國家，未來的科學家、探險勘查人員、獵人，正在逐步成長，這新生的一代是未來大自然的改造者。

34. 米丘林（Ivan Vladimirovich Michurin, 1855 ~ 1935），前蘇聯植物育種學家和農學家，米丘林學說的奠基人。米丘林學說繼承並發展了拉馬克和達爾文等生物學家的理論，其內容主要包括三個方面：1. 人工雜交的理論和方法；2. 有機體定向培育的理論和方法；3. 人工選擇的理論和方法。米丘林於 1875 年開始自己的園藝學研究。經過 60 年的連續研究，育成了 300 多個果樹和漿果植物新品種。他從有機體與其生活條件相統一的原理出發，提出關於遺傳性、定向培育、遠緣雜交、無性雜交、氣候馴化改變植物遺傳性的原則和方法，發展成為米丘林學說（Michurinism），曾對共產國家的生物學、農學發展有過一定的影響。其後，此學說被定性為偽科學。主要著作有《工作原理與方法》、《六十年工作總結》；他過世後，學者編有《米丘林全集》。

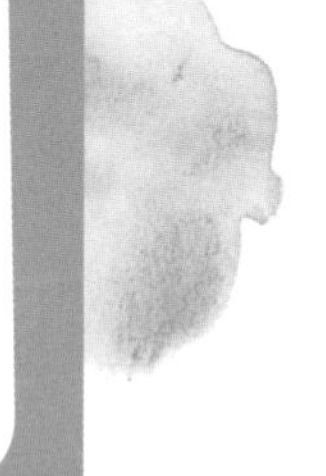

與樹同齡的人

我今年 12 歲了，在我住的的大街上，長著一些和我同齡的楓樹。它們是在我出生那天，被少年自然科學家沿街栽種的。

現在，楓樹已經長得有我兩倍那麼高了！

謝遼沙・波波夫

祝鉤鉤不落空

在冬天釣魚是一件怪事！可在冬天裡釣魚的人還真不少呢！要知道，並不是所有的魚都會像鯽魚、冬穴魚、鯉魚那樣在水底冬眠，許多魚在冬天是不睡覺的。像江鱈魚[35]，一整個冬天都不睡覺，甚至還在冬天產卵，產卵期可以長至隔年的二、三月呢！

法國人常說：「睡覺睡覺，不吃也飽。」可那些不睡覺的，不吃飯可不行啊！

隆冬季節最適合釣冰層底下的鱸魚了！如果能找對地方，將有很多收穫。釣者通常是用帶鉤的魚形金屬片釣鱸魚，只是鱸魚在冬天的棲息處所很難找。在自己不熟悉的水域釣魚，只能根據某些現象來推測何處有魚，待確定地點之後，先在那兒的冰上鑿幾個小洞，垂下釣餌，試一試是否有魚來吃餌。

35. 山鯰魚，即江鱈魚（Lota lota），鱈科江鱈屬，俗稱山鱈、花鯰魚。分佈於北緯 45 度以北的歐亞河、湖之中，是北半球北部典型的冷水性淡水底棲魚類。下頦有頦鬚，可以感知附近的環境、發現獵物。成魚晝伏夜出。冬季的食量比夏季要大。產卵期為 11 月至隔年 3 月，當產卵季節水溫接近 0°C 時，成魚常集體游向產卵場，於水深 2 公尺的沙質水底產卵。

祝鉤鉤不落空

下面，我們簡單地來說說，怎麼辨識哪裡有魚：

有魚的跡象是這樣的：在河道的彎曲處，靠進河岸的地方，通常會被水流沖刷出一個深坑，天冷時，鱸魚就會聚集到這種地方。如果有支流匯入，那麼在匯流處稍遠的地方也會有一個沖刷坑，這裡也會有魚。蘆葦一般生長在淺水處，但蘆葦叢邊通常會有凹陷處，魚兒也喜歡在這裡過冬、休息。

釣魚時，釣者會先用冰鑿在冰層上鑿一個 20~25 公分的小洞，然後向小洞裡放下釣絲。先把它沉到水底，探探水有多深，然後會用很快的動作讓魚鉤不斷地上下抖動，只是每次往下垂的時候，不再觸及水底罷了。繫在釣絲上的魚鉤會在水中漂浮、閃閃發亮，像一條活魚一樣。當鱸魚看到它時，以為它是一條小魚，擔心這條小魚被別人吃掉，於是縱身一跳，一口就把它吞到肚子裡。要是鱸魚不來吃餌，釣者就會換一個地方，到別處鑿新的小洞重新再來。

釣江鱈魚，則要用冰下釣魚繩。這種釣魚繩，是一根主繩，上面繫著 3~5 根小繩，小繩可以用絲線或是馬鬃編成，小繩彼此分開，距離相隔約 70 公分。小繩上綁著魚鉤，魚

鉤上有餌食——小魚、小肉塊或者蚯蚓；在主繩的末端，會拴個墜子並垂到水底，固定住釣魚繩。水流會把這些帶有食餌的魚鉤沖到冰底下去，在水中飄盪。在繩子的上端要拴上一個棍子，並把棍子架在冰洞上，一直留到次日早晨。

釣江鱈魚有個特點：它不用像釣鱸魚那樣需要長時間地在冰面上受凍、守候。只要第二天早晨來到冰洞前，把棍子提起來看就可以了。這時你可以看到繩子上至少吊著一條很長的大魚：渾身黏糊糊的，身上有像老虎一樣的斑紋，身子兩側扁扁的，下巴處長有一根觸鬚，這就是江鱈魚了。

打獵的事情

冬季，是捕獵大型猛獸，如狼、熊的好時節。因為冬末，是林中動物最饑餓的時候。

像餓急了的狼，膽子會越來越大了，不時成群結隊地到處流竄，有時會走到村莊附近。而熊，有的會在洞裡冬眠，有的會在林子裡遊蕩。那些在林子裡遊蕩的熊，會尋找動物的屍體，或者到村莊附近捕殺家畜。秋末，牠們來不及做好冬眠的準備，現在想睡覺時就得躺在雪地上了。那些在洞穴裡冬眠但受到驚擾的熊，也會逃出來在林子裡遊蕩，牠們不會再回自己的舊居，也不會打新洞。

獵捕這些遊蕩的熊，要踩著滑雪板，帶上獵狗。獵狗會在深雪裡追趕牠們，直到牠們停下來為止。獵人只要跟在獵狗後面，以逸待勞就行了。

但是，獵殺猛獸不像打飛禽那般安全，常常會發生意外——野獸沒打到，獵人反被猛獸傷到了。在我們省裡打獵的時候，就發生過這樣的事情。

不幸的獵人

深夜單槍匹馬前往森林，這種打獵方式很危險。你們聽說過這樣的事、這樣的人嗎？森林報記者現在就來報導一個這樣勇敢的人吧！

這個獵人把一匹馬套在雪橇上，把一隻小豬裝在麻袋裡，在一個明月當空的夜晚，踏上雪橇出了村子。

最近農莊附近經常有狼出沒，不少村民都見證了野狼的兇狠：牠們可真是餓急了！竟肆無忌憚地闖到村子裡為非作歹。

獵人出了村子，便離開了大路，沿著森林的邊緣，向荒地上走去。他一手牽著韁繩、一手不時地扯兩下小豬的耳朵。小豬的四支腳被捆著，只在麻袋外露出個頭。小豬的使命是發出叫聲，把狼引過來。被人扯著牠嬌嫩的耳朵，可痛著呢！小豬拼命地嘶叫著。

不一會兒，獵人就看到林子裡，好像點燃了一盞盞綠色的小燈籠，小燈籠在樹幹之間不停地移動著，一會兒在這裡，一會兒在那裡……獵人知道那些是狼的眼睛。

馬兒早就感覺到狼來了，嚇得仰頸狂嘶、向前急奔。獵人好不容易用一支手勒住了馬韁，另一支手還要不時地扯小豬的耳朵。只要小豬有叫聲，就能使狼忘掉恐懼。

狼現在可能在垂涎美味：小豬的肉多麼好吃啊！要是小豬在狼的耳邊叫了起來，那隻狼準會把危險忘得一乾二淨。

這群狼看清楚了：有一個麻袋被一根長繩拴著，並拖在雪橇後面，由於道路坑坑窪窪，這個麻袋顛簸跳動著。

被雪橇拖在後面的麻袋裡裝的是乾草和豬糞，但是狼還以為裡頭裝的是小豬呢！因為牠們聽到了小豬的尖叫聲，也聞到了小豬的氣味。

最後那群狼打定了主意。牠們突然從林子裡躥出來，全體直撲雪橇——1隻、2隻、3隻……，啊，不！共有8隻，是8隻身強體壯的狼呢！

在空曠的田野裡，獵人從近處望去，覺得狼的個頭很大。月光在狼的毛裡閃爍著，那些野獸比實際上要顯得大很多。

獵人放開小豬的耳朵，拿起槍瞄準。

跑在最前面的一隻狼，已經衝到了跳進裝著乾草的麻袋。獵人把槍瞄準牠，扳動了槍機，那隻狼滾進了雪地裡。

獵人又對著第二隻狼開槍，但這時受驚的馬向前一衝，

害獵人打了個空。獵人雙手抓著韁繩，好不容易才將馬匹勒住。

但狼群聽到槍聲已經四散逃走了。只剩那隻被打中的狼留在那哩，牠臨死前還痙攣著，用後腳刨著雪。

獵人把槍和小豬留在雪橇上，下了雪橇去撿那隻死狼。

在半夜裡，村子裡炸開了鍋，大家議論紛紛：因為獵人的馬拉著雪橇跑回來了，獵人卻沒跟著回來。在寬寬的雪橇上還丟著一支沒有裝彈的槍，和一隻被綁住四肢的小豬在聲嘶力竭地尖叫。

天亮的時候，村民們趕到森林裡，看到了一堆雜亂的腳印，當下明白昨天夜裡發生的事了。

原來獵人把打死的狼扛在肩上，朝雪橇走去，當他走近雪橇時，馬兒聞到一股狼味兒，受到驚嚇，馬上向前一衝，循原路飛奔而去。

獵人呢？他扛著死狼孤零零地留在那裡。此時，他身上沒有槍，甚至也沒有帶刀。見到這樣的情勢，狼群不再驚慌，反而很篤定地又跑出林子，把獵人團團包圍起來。

村民們在雪地上找到了一堆骨頭，有人骨和狼骨——那群狼竟把死了的同伴也吞下去了。

這件事已經發生了六十多年。從那以後，很少再聽到狼攻擊人類的事。只要狼不發狂、也沒受傷，牠們看見了沒帶武器的人，也是會害怕的。

獵人被熊打傷了

另一件不幸的事發生在獵熊的時候。當時，一個守林人發現了一個熊洞，從城裡叫來了一個獵人。他們帶了兩條萊卡狗，悄悄地來到一個雪堆前，熊就在雪堆底下睡覺。

按照常規的打獵方式，獵人站在雪堆的一邊。熊洞的入口朝著日出的方向，熊從雪底下鑽出來的時候總會向南方閃去。獵人所在的地方，可以舉槍射到熊的心臟。

看守人躲到雪後面去，解開了兩條獵狗。獵狗聞到了野獸的氣味，就開始撲向雪堆。獵狗的叫聲很大，不可能不把熊吵醒。可是，過了大半天，都沒有聽到動靜。

忽然，從雪裡伸出了一支大黑腳掌，一隻獵狗差一點被牠抓住，那隻獵狗驚叫了一聲，慌忙躲開。

接著，熊從雪堆中衝了出來，像一座烏黑的小山。出人意料的是，牠並沒有閃向一邊，而是朝著獵人撲了過來。

熊的腦袋低垂著，遮住了牠的胸脯。

獵人放了一槍，子彈擦過熊的頭顱飛向一邊去了，熊此時可氣瘋了！牠把獵人撲倒在地，然後壓上去。兩隻獵狗咬住熊的屁股，把身子掛在上面，但也是白費力氣。看守人嚇壞了，一邊大喊、一邊揮動著手裡的槍，但也是白費力氣。這時不能開槍，以免子彈打到獵人。

熊用牠可怕的腳掌，一把就把獵人的帽子連頭髮和頭皮抓了下來。緊接著，牠在染血的雪地上打起滾……獵人趁機拔刀，戳進了熊的肚皮。

獵人總算把命保住了，在他的床上面掛著一張熊皮，只是他的頭上總是要裹著一條暖和的頭巾。

圍獵大熊

1 月 27 日，塞索伊奇從森林裡出來，沒有回家就去了臨近的農莊。他是去郵局給列寧格勒的一位朋友發電報的：那位朋友是一位醫生，也是獵熊的專家。

電報上面說：找到熊洞了，快來！

第二天回了電報：2 月 1 日，我們三人出發。

在這個期間，塞索伊奇每天都會去察看熊洞。熊在洞裡睡得正香。在洞口外的灌木上，每天都會有一層新鮮的霜花，那是熊呼出來的熱氣凝結而成的。

1 月 30 日，塞索伊奇察看過熊洞後，在半路上遇到了安德烈和謝爾蓋。這兩個年輕的獵人正要去森林裡打松鼠，塞索伊奇想提醒他們不要去熊洞所在的那座林子，但轉念就改變了主意。小夥子好奇心強，說不定他們知道反而會去逗逗熊呢！於是，塞索伊奇便不再言語。

1 月 31 日的早晨，塞索伊奇又來到了熊洞，卻不由得大叫了起來：熊洞被搞毀了！熊也不見了！在離熊洞五十多步的地方，一棵松樹倒下了，大概是那兩個年輕的獵人打松鼠時，松鼠掛在了樹枝上掉不下來，他們把松樹砍倒了吧！熊聽到了那些聲音後就逃跑了。

兩個獵人用滑雪板向砍倒的松樹前進；從洞裡跑出來的熊腳印，則向另一邊延伸。幸虧他們沒有發現熊。塞索伊奇沒敢耽擱，立刻順著熊的腳印追去。

第二天晚上，來了三個列寧格勒的人。一個醫生、一個上校，是塞索伊奇早先認識的，另一個是舉止傲慢、身材魁梧、留有一大把長鬍子的陌生人。塞索伊奇一見到那個陌生人就不喜歡，一邊打量著他，一邊思量著：看他那副神氣的樣子，年紀也不小了，還裝！幹嘛胸脯挺得像公雞，叫人瞅著真不舒服啊！

更讓塞索伊奇感到難堪的是，他必須要當著這位傲慢的陌生人的面前，承認自己的疏忽——沒有看住熊，讓牠給跑了，錯過了堵洞捉熊的好機會。

不過，塞索伊奇還是得為自己辯解一下：「熊的活動還在掌握之中，沒有發現牠走出森林的跡象。這時候牠一定是躺在林中某處的雪地上了，現在我們只好用圍獵的方法來抓牠了。」

那個傲慢的陌生人聽完後，不屑地皺了一下眉頭，什麼都沒說，只問了聲：「那隻熊大不大？」

塞索伊奇說：「腳印不小，我敢保證牠有二百斤以上！」

陌生人聳了聳像木板一樣平的肩膀，看也不看塞索伊奇：「說是請我們來掏熊洞，結果變成圍獵。你能保證圍獵的時候把熊趕到我們射擊者的槍口前嗎？！」

這些話刺痛了塞索伊奇，但他不吭聲，只在心裡想著：「當然有把握！但我看你可得留神點，別讓熊把你這一臉傲氣給嚇呆了！」

於是，他們開始討論圍獵的計畫。塞索伊奇提醒說：

「獵捕大型野獸，最好在每位獵人後面各安排一個後備射手。」

那位傲慢的人反對說：「誰要是不相信自己的能力就不要去獵熊。獵人背後還跟個保姆，像什麼樣子啊！」

塞索伊奇不由得佩服起來：「好大膽的漢子！」

這時，上校卻以不容置疑的堅定語氣說，小心總不會有錯，應該要準備後備射手。醫生也表示贊成。那傲慢的人不悅地瞅了瞅他們倆，聳了聳肩，然後說：「既然你們膽子小，那就按照你們說的做吧！」

第二天一早，天還沒有亮，塞索伊奇就把三個獵人叫起床了，然後趕到村裡召集趕圍的人旁。

等塞索伊奇回到小木屋時，那個傲慢的人正從一個鋪著綠色絲絨的小提箱裡，取出兩支獵槍。這提箱很輕便，倒像用來裝小提琴的精緻匣子。塞索伊奇看得眼睛發亮：他從來沒見過這麼好的獵槍。

他大模大樣地把槍收好，又從提箱裡取出彈夾，裡面裝著各種子彈，有鈍頭的、有尖頭的。他一邊擺弄著那些東西，一邊跟醫生和上校炫耀他槍法的精湛，還說了他在高加索怎樣打野豬，在遠東地區如何打老虎。

塞索伊奇的臉上不動聲色，心裡覺得自己又矮了一截。他也想走過去好好地瞧一瞧這兩把好槍，可始終沒敢張嘴提出要求。

天濛濛亮，雪橇隊就出了村莊。走在最前頭的是塞索伊奇，在塞索伊奇後面是四十個圍獵的人，最後是那三個從列寧格勒來的人。

在距離熊藏身的林子一公里遠的地方，全隊的人停了下來。他們進了一個小土屋，開始生火取暖。

塞索伊奇乘著滑雪板，去察看野獸蹤跡，然後告訴趕圍的人。

一切都準備妥當了，熊也沒有跑出圍獵的圈子，一切就緒。

塞索伊奇把負責喊叫的人排成半圓形，讓他們站到樹林的一邊，那些不喊叫的人要站在圓圈的兩側，隨時伺機而動。

圍獵熊不像圍獵兔子， 喊的人不用進林子裡包抄。不 喊的人則站在林子兩側，要從喊者組成的圍獵線，一直站到狙擊線；如果熊不往獵人的方向跑，而跑向別處，他們就要脫下帽子，向熊揮舞，這樣就能把熊趕向獵人那邊。

塞索伊奇佈置好圍獵的人之後，就跑到獵人那兒，帶領他們到狩獵的地點。狩獵點有三個，彼此相距二十五至三十步。塞索伊奇得讓熊跑向這條約一百步寬的通道上。

在一號位置上，塞索伊奇讓醫生站著，在三號位置上，讓上校站著，那位傲慢的男士被安排在二號位置，也就是中間位置。

這兒能看到熊進入樹林的腳印。通常，熊從躲藏的地方出來時，都會沿著自己原來走過的足跡走。

村裡的獵手安德烈充當傲慢的男士的後備射手，他比謝爾蓋有經驗、有耐心，所以選了他。只有在獵物突破他們的防線，或者襲擊獵人的時候，後備射手才可以開槍。

所有的獵人都穿上了灰色的長袍。塞索伊奇最後對他們叮嚀了幾件事：不要談笑，也不要吸煙，趕圍的人開始喊的時候，要原地不動、不出聲。

塞索伊奇吩咐好這些話後，就跑到了趕圍的人那裡。

半個鐘頭過去了，正當大家等得快耐不住性子時，終於響起了獵人的號角聲。兩次拖長調子、低沉的號角聲，頓時充斥了滿是積雪的樹林。那聲音好像浮蕩在凍結的空氣中，久久不散。

號角響起後，四週大約沉寂了一分鐘。突然間，趕圍的人一齊喊了起來，叫的叫、呼嘯的呼嘯。他們發出各種聲音，有狗的叫聲、有氣笛的聲音，還可以聽到貓兒打架的聲音。

塞索伊奇吹完號角後，和謝爾蓋一起乘滑雪板飛也似地跑向林子，他們攆（ㄋㄧㄢˇ，追趕）熊去了。

獵熊與獵兔另一個不同之處就是：除了有喊圍獵的人之外，還要有攆熊的人。攆熊的人得把熊從牠躲藏的地方攆出來，以便讓射手射擊。

塞索伊奇看著熊的腳印，知道是一頭很大的熊。但當熊把毛茸烏黑的大脊背擠出雲杉樹叢時，塞索伊奇還是不禁打了一個冷顫，忙不迭地朝天開了一槍，並和謝爾蓋大叫起來：「熊來了，熊來了！」

獵熊真的與獵兔不同，還有一個差異之處是：獵熊準備的時間比較長，真正打獵的時間卻非常短。由於長時間不安地等待，加上時刻有危險即將臨身的感覺，獵手往往覺得一分鐘有如一小時那樣長。獵手們在射擊位置上耐心等候了那麼久，卻突然聽到旁邊的獵人開槍了，於是發現一切都結束了，而自己竟什麼都沒做！那心情真不是鬱悶

兩字可以說明的。

塞索伊奇跟在熊後面緊追，想讓牠跑向該去的地方，但是他白費了力氣，因為根本追不上熊。這地方的積雪很深，人要是不穿滑雪板，走一步就得陷入一步。想想看，陷進齊腰深的大雪，想將腳拔出談何容易？可是熊走起來卻很輕鬆，牠像一輛坦克車似的，一路上把身旁的灌木和小樹都壓在腳下。

熊很快在塞索伊奇的視野裡消失了。但沒有過兩分鐘，他聽到了槍聲。他用一支手抓住了附近的一棵樹，把腳下的滑雪板停住，他怔怔地待在那裡。難道圍獵已經結束了，熊被打死了嗎？

但緊接著，又響起了第二槍，然後是一陣淒厲的慘叫聲。塞索伊奇開始向射手那邊滑去。他跑到狙擊點時，看到上校、安德烈和臉色蒼白的醫生正抓著熊皮，拼命地想把壓在第三個獵人身上的熊抬起來。

這是怎麼一回事呢？原來，熊順著自己進樹林時的方向跑了出來，剛好正對著二號槍手的位置。這傲慢的城市獵人一看就興奮地忍不住了，在熊距離他六十步的地方就開了一槍，按理說要在十至十五步的距離才開槍，只有這

樣的距離，才能射中牠的頭部或心臟，但這獵人卻沉不住氣。

從上好的獵槍射出的開花子彈，是打中了熊，但沒中要害，只打穿了熊的左後腿；熊痛得大叫起來，向開槍的人撲去，獵人不知所措，竟忘了身邊還有一支備用獵槍，他把手裡的槍一扔，轉身就跑。

熊使出渾身解數，看準欺負牠的那個人就是一巴掌。

安德烈，那個後備射手，畢竟有經驗，他可沒袖手旁觀，立刻把自己的雙筒槍插進熊張開的大嘴巴裡，並扣下扳機。哪知倒楣的事連著來，子彈沒有擊發，只是輕輕地啪嗒了一聲。

這些都讓守候在第三個位置的上校看見了。上校知道自己再不開槍，同伴將有危險；但是他也擔心，如果射不準，就可能會打死安德烈。於是，上校即刻跪下一條腿，專心地瞄準熊的頭部開了一槍。

那隻體型巨大的熊，在空中僵持了一瞬間，然後像小山似的，轟然一聲倒在躺在牠腳下的槍手身上。上校開的槍，打穿了熊的太陽穴，熊被打死了。

醫生跑了過來，他和上校、安德烈一起抓住被打死的

熊、想把熊挪開，他們不知道在熊下面的人是否還活著？

塞索伊奇看到這一切，急急忙忙地過去幫忙。當熊被挪開，大家把獵人攙扶了起來。他還活著！但臉色像死人一樣慘白，這時，那個城裡人再也不敢不拿正眼瞧人了。

大家把他放到了雪橇上，送到了農莊。他在農莊裡稍稍定了定魂，竟要下了熊皮，然後拿著熊皮去了火車站，不管醫生怎麼勸他休息好再回去，他始終沒聽。

之後，每當塞索伊奇說起這件事，總會說：「唉！我們可忽略了一件事，熊皮不能讓他拿走的。他這會一定在很多人面前自吹自擂，說那隻熊是他打死的，他是來為我們除害的，說那隻熊有三百多斤重呢！」

《森林報》特約通訊員

救救那些饑餓的鳥類朋友

在饑餓、寒冷的月份裡，別忘了那些弱小的鳥類朋友。

要把食物送到為鳥兒設置的免費食堂裡去。

要給椋（ㄌㄧㄤˊ）鳥、山雀、灰山鶉佈置新家，如樹洞似的窩、小棚子等。

要號召親朋好友，共同保護饑餓的鳥類。

要拿出穀物、漿果、麵包屑、牛油、螞蟻卵餵牠們。

牠們不會吃多少東西，你要能救多少就救多少吧，讓牠們免受饑餓的折磨！

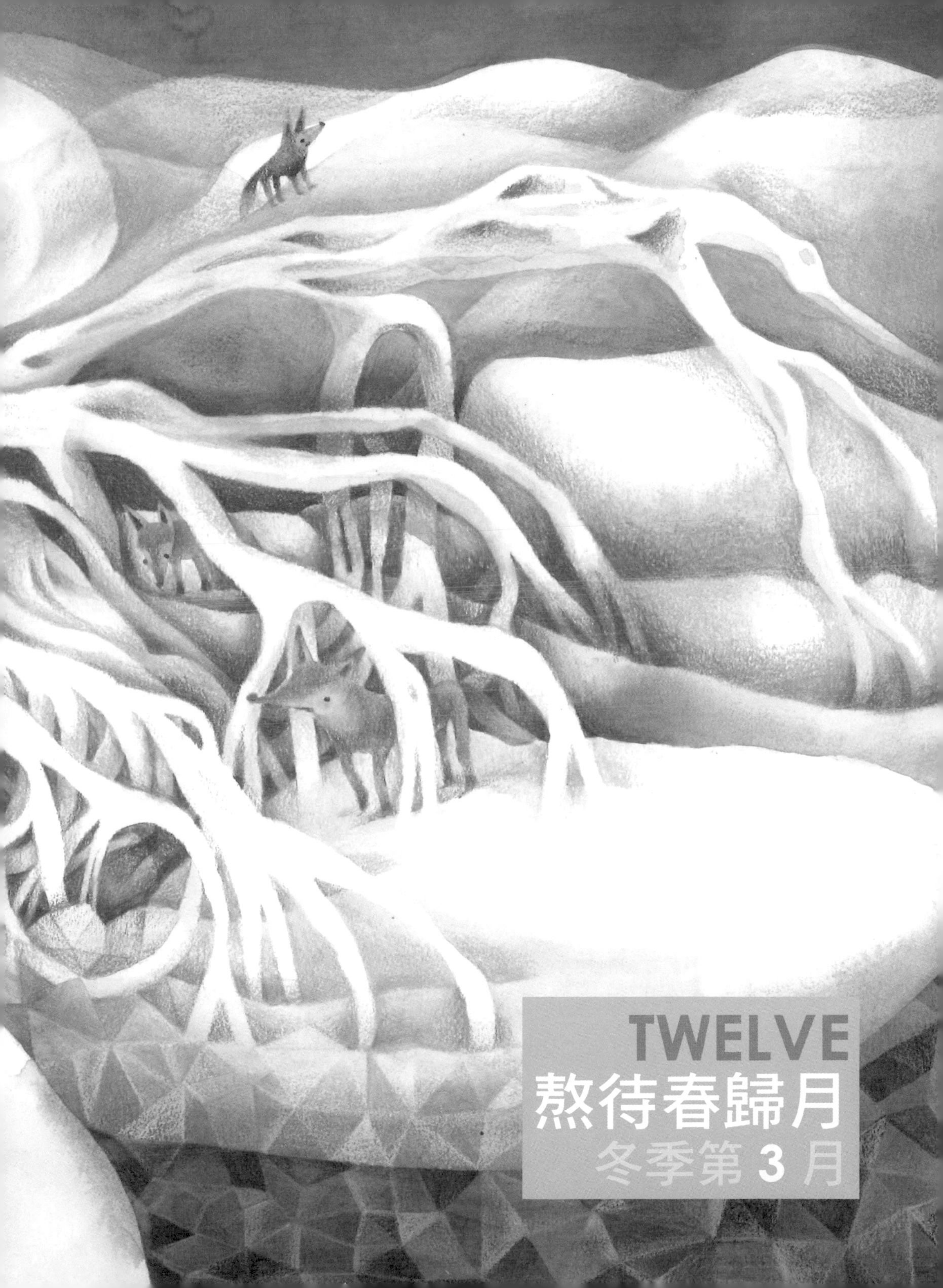
TWELVE
熬待春歸月
冬季第 3 月

痛苦煎熬的二月

2 月時嚴冬將盡，所有的生命已被冰雪摧殘了兩個月。在 2 月裡，依舊風雪不停；風夾雜著一片片雪花，在森林、曠野裡遊蕩。

2 月雖是冬季的最後一個月，卻也是最可怕的月份。對各種鳥獸來說，這個月最是饑寒難耐。而且，狼多在這個月發情，牠們需要營養，所以常會偷襲村莊和小鎮。由於饑餓，狼會把狗和羊都拖去填肚皮，牠們每天夜裡都可能鑽到羊圈裡去搶劫。

所有的野獸都明顯消瘦了。牠們在冬季前積蓄的脂肪，已差不多消耗完了，不能再給它們提供熱量和營養。有些小型野獸的洞裡和「地下倉庫」的存糧，也快吃完了。

而白雪，本來是保溫的朋友，不過這個時候卻變成了動物們的仇敵。你可以看到在大森林裡，樹木不堪重負被壓斷了，那些生活在上面的小獸只好嚇得紛紛逃命。而對於山鶉、花尾榛雞和黑琴雞這些喜歡鑽到深厚積雪裡舒舒服服睡大覺的鳥類來說，糟糕的是在這時節的白天，有時積雪會消融，而當夜晚寒氣來襲，雪面上就會凍結上一層

冰殼；在太陽曬化冰殼之前，任憑你的腦袋多麼堅硬，也不可能衝破這冰殼、從底下鑽出來。

暴風雪吹個不停，沿著公路、林道和所有的道路席捲而去，到處都是厚厚的積雪，四處都難以通行，連雪橇也無法在上面滑行。

森林裡的大事情

能熬到頭嗎

森林曆上的最後一個月來臨了，這個月是最艱難的一個月。此時，林中居民的儲糧都快用完了。所有的飛禽、走獸都消瘦了，因為能提供牠們熱量的那層皮下脂肪已經消耗完了。長期的饑餓生活，也讓牠們變得很虛弱。

這時節，狂風暴雪又在故意刁難，它們滿林子裡亂跑亂竄，使得天氣越來越冷。這可能是冬老人想抓住最後這一個月來尋歡作樂，所以便肆無忌憚起來。可憐的林中鳥獸只好再堅持一陣子，保存體內最後一點力量，才能熬過殘冬，迎接春天的到來。

《森林報》的通訊員巡視了整座森林，他們擔心飛禽走獸是否能熬到春暖花開的日子。通訊員在森林裡見到了許多悲劇，一些林中居民不堪饑餓與寒冷，已經送掉了性命。至於留下來的能不能再支撐著熬過二月呢？不用擔心，現在還存活的這些鳥獸，牠們可以安然地度過這個冬天。

嚴寒的犧牲品

天冷，再加上颳風，那真叫人害怕啊！

每逢這樣的天氣，你都可以在雪地上找到很多因此喪命的飛禽走獸和昆蟲。

樹樁旁，以及成片被風雪吹倒在地的樹幹，下面的積雪又被風刮了出來，可是在雪面下還藏著很多小野獸和甲蟲、蜘蛛、蚯蚓、蝸牛等等！風把蓋在牠們身上的雪被吹走了，牠們不被凍死才怪。

肆虐的暴風甚至能讓飛鳥喪命。像是耐寒力很強的烏鴉，在長時間的狂風暴雪之後，也可能在雪地上發現牠們凍僵的屍體。

暴風雪過後，森林裡的清潔隊就會馬上開始工作，牠們是一些會吃腐肉的猛禽野獸。只見牠們滿林子搜尋，沒多久，這些在風雪中凍死的鳥獸全都成了牠們的美食。

光溜溜的雪上冰殼

在融雪天之後，如果忽然降溫，那麼在雪面上融化的雪水就會被凍成冰殼。這些冰殼又硬又滑又結實，鳥類的利爪或尖嘴無法將它刺穿，野獸的腳爪也刨不開，鹿的蹄子倒是能夠把它踏破，不過也會被冰殼銳利的邊緣劃破毛皮。

鳥兒要怎麼做，才能吃到冰殼下面的食物，諸如嫩草和穀粒呢？沒有能力打破這冰殼，誰就得挨餓。

森林裡經常有這樣的事發生：

在融雪天，地面上的積雪變得潮濕又鬆軟。傍晚時，有一群灰山鶉降落，輕易地在雪地上給自己挖了一個個小洞，洞裡熱氣騰騰，牠們就蹲在裡面睡覺了。可是半夜，天氣驟冷，融化的積雪重新凝結成冰，把小洞蓋住了。灰山鶉在洞裡睡得正香，一點也沒感覺。

第二天一早，牠們醒來了，雪底下倒是很暖和，只是有點喘不過氣來。該去外面喘口氣、活動活動，再找點東西吃。

牠們振翅起飛，誰知頭上有一層冰，而且很結實呢！個個撞得滿頭包，有的還流著血，但就是破不了這層冰罩。

灰山鶉意識到這是堅硬的雪上冰殼。冰殼下面仍是鬆軟的雪，牠們看不見冰殼上面有什麼。

山鶉們拼命使勁地撞向冰殼，心想一定要逃出這個冰罩子；誰要是能鑿破這個該死的冰窖，哪怕餓著肚子，也算幸運了。

玻璃似的小青蛙

有一次，《森林報》的通訊員選了一個池塘，將冰面敲碎，從底下撈出了一些淤泥，淤泥裡藏著許多小青蛙，牠們是躲在那裡冬眠的。

記者把那些青蛙挑出來，仔細觀察，牠們看上去就像是玻璃做的，身體好像很脆，似乎只要輕輕一碰，小腿就可能斷掉。

我們的記者帶了其中幾隻青蛙回家，把牠們放在溫暖的房間裡回溫。漸漸地，青蛙甦醒過來了，開始在地板上跳躍。

由此可以想到，一旦春天的太陽曬化了水池裡的冰，那些青蛙就會甦醒過來，而且變得活蹦亂跳。

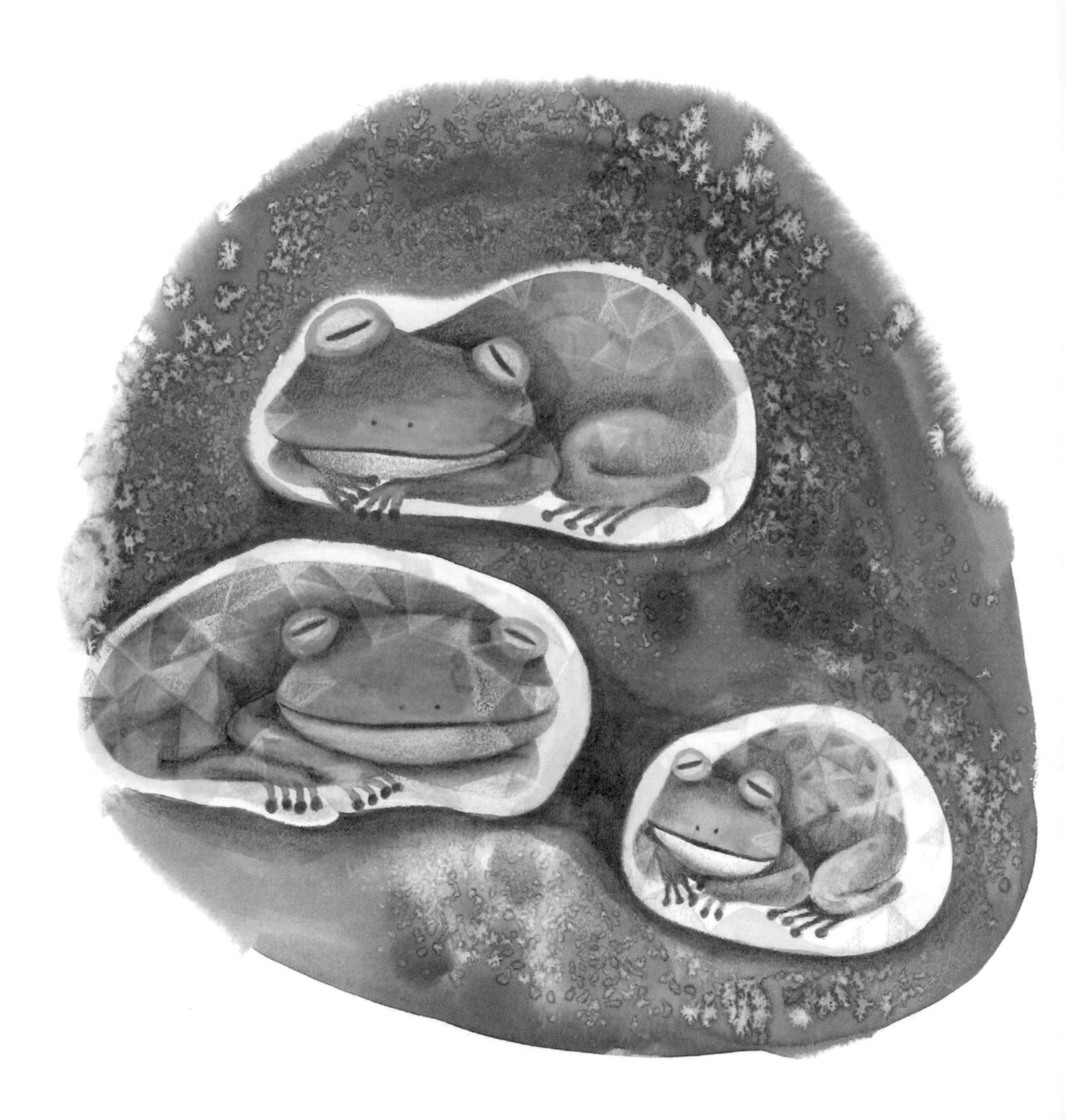

是要睡到什麼時候呢？

在托斯諾河（Tosna River）岸上，離薩博里諾十月火車站不遠的地方，有一個岩洞。以前人們到那兒去挖取沙子，現在已經很多年沒有人到那個洞裡去了。

我們《森林報》的通訊員進了那個岩洞，看到岩洞的洞頂上掛著很多蝙蝠，有大耳蝠（兔耳蝠）[36]和棕蝠。牠們頭朝下，腳向上，爪子抓住粗糙的洞頂，在那裡睡覺已經有五個多月了。大耳蝠把牠的大耳朵藏在翅膀裡，用翅膀把自己的身子包得緊緊的，正安靜地睡覺呢！

記者擔心大耳蝠和棕蝠，就給牠們測脈搏、量體溫。在夏天，蝙蝠的體溫和人類的一樣，在攝氏 37 度左右，脈搏每分鐘是 200 次。現在得到的結果是脈搏每分鐘 50 次，體溫只有攝氏 5 度。

儘管如此，這些小小的瞌睡蟲都很健康，不需要人類擔心。牠們還可以這樣安安靜靜地睡上一兩個月，以等待溫暖的黑夜到來，那時牠們就會甦醒過來。

36. 兔耳蝠（Plecotus auritus），俗稱兔蝠、長耳蝠、大耳蝠，分佈於中、俄兩國。耳殼橢圓形，極大，幾與前臂等長。台灣也有兔耳蝠，名台灣長耳蝠（Plecotus taivanus, Yoshiyuki, 1991），又名台灣兔耳蝠，為台灣特有種。

牆角裡的款冬

今天，我在偏僻的角落裡，發現了一棵款冬。它正開著花，一點兒也不怕寒冷。要知道，在款冬的花莖上裹著一層薄薄的衣服，有點像魚鱗的小葉片（長橢圓形或三角形），又有點像蜘蛛絲的茸毛。這時候，我穿大衣還冷，它卻一點兒也不怕冷。

不過你們可能不相信我說的話：四周都是積雪，怎麼會有款冬呢？

我剛才說過，我是在僻靜的角落發現的，它長在一棟大樓南側的牆角下，而且附近還有暖氣管子。

在那個僻靜的角落裡，雪隨時都會融化，那裡像春天似的冒著熱氣呢！

不過，附近的空氣卻仍舊寒冷。

H. 帕甫洛娃

解凍後的娛樂場

當嚴寒有一點兒消退的時候，大地開始解凍，此時，有一些小生命迫不及待地爬出了雪地。牠們是蚯蚓、蜘蛛、瓢蟲、潮蟲（即鼠婦）和葉蜂的幼蟲。

只要哪個偏僻的角落裡雪被吹得不見了，牠們就開始活躍。

昆蟲此時伸了伸牠們好久不曾動彈的腿，蜘蛛準備捕獵。那些沒有翅膀的小蚊子光著腳丫在雪地上又跑又跳，有翅膀的腳舞蚊，則在空中飛來飛去。

只要寒氣再降臨，這片娛樂場就會瞬間終結。這些大大小小的蟲子，又會躲藏著不見了。有的鑽到枯草、苔蘚裡，有的鑽到泥土裡。

探出冰窟窿（ㄎㄨ ㄌㄨㄥ）的海豹

在涅瓦河注入芬蘭灣的河口處冰面上，一個漁夫正走在上頭。當他走過一個冰窟時，看到從裡面探出了一個光溜溜的腦袋，嘴邊還稀稀疏疏地長著幾根堅硬的鬍子，漁夫還以為是個落水者呢！那個腦袋忽然轉臉瞧向了漁夫，漁夫這才看清楚，這是顆動物的頭。牠突出的臉上長著鬍鬚，臉皮繃得緊緊的，上面還長著閃亮發光的短毛呢！身子也是油光閃亮。牠兩眼亮晶晶的，直勾勾地看著漁夫，然後撲通一聲，潛到冰下不見了。

這時，漁夫才恍然大悟，自己看到的野獸是海豹。

海豹在冰下捉魚，有時會把腦袋從冰層裡探出來，以便呼吸新鮮空氣。

冬天時，漁夫常可以在芬蘭灣捕獲那些把頭從冰洞裡探出來的海豹。

有時，海豹為了追逐魚群，還會從芬蘭灣追到涅瓦河裡。在拉多加湖就有很多海豹[37]，這裡是海豹的樂園。

拋棄武器

森林中的大獸駝鹿和公麅（ㄆㄠˊ，鹿的一種）都把雙角脫落了。駝鹿將牠的雙角在林中的大樹幹上摩擦掉，牠終於甩掉了牠沉重的舊武器。

有兩隻狼，看到了這隻自動拋掉武器的林中大獸，決定向牠進攻。牠們認為，解決牠應是易如反掌。但戰鬥的

37. 拉多加湖的海豹主要是環斑海豹的拉多加湖亞種，中國黃海也有分佈。總數量不多，全球約 5,000 ～ 10,000 頭。

結果卻出人意料，駝鹿很快用自己的前蹄踩碎了一頭狼的頭蓋骨，然後忽然轉過身把另一隻狼踢倒在雪地上。這隻狼渾身是傷，僥倖地活了下來，但好不容易才從大獸的身邊溜走。

最近，公駝鹿和公麅又長出了新的犄角。犄角還沒有長硬，看起來像是肉瘤，在外面蒙著一層皮，皮上面是軟綿綿的絨毛。

河烏

在波羅的海鐵路上的加特契納[38]火車站附近，我們《森林報》的通訊員發現了一隻黑肚皮的小鳥。

那天早晨，天氣很冷，雖然天空中的太陽高懸，陽光強烈，但我們的通訊員還是捧起雪來，摩擦他凍得發白的鼻子，直到搓紅為止。

因此，當他聽到黑肚皮的小鳥在這麼冷的天氣裡，還能高興地唱歌時，感到非常訝異。他慢慢走上前觀察，那隻小鳥似乎感覺到了危險，一下蹦了老高，然後鑽到冰窟窿裡面去了。通訊員腦海閃過一個念頭：糟了。這下準會淹死的！便急急忙忙地奔到冰窟窿前面，想救起那隻發瘋

了的小鳥。誰知，牠竟看到小鳥在用翅膀划水呢，就像人們用胳膊游泳一樣，看得他只能是目瞪口呆。

小鳥暗黑色的脊背在透明的水裡閃著光，像條小銀魚似的。

牠一下子就鑽到河底，用尖尖的爪子抓住沙子，在那裡快步跑起來。跑到了一個地方，牠停下來，用嘴把一個小石子翻開，從下面捉出了一條烏黑的水甲蟲。

一分鐘後，牠從另一個冰窟裡鑽出來，跳到冰面上。牠抖了抖身子，若無其事地又唱起歌來。這時候，記者才明白，牠是水裡的麻雀——河烏。

這種鳥跟交嘴雀一樣，是不服從森林法則的動物。

牠的羽毛上有一層薄薄的油脂，鑽到水裡時，羽毛上就會出現許多小氣泡，從水面上看就像泛著點點銀光一般，就像穿了一件充氣的潛水衣，因此在冰水裡也不會感到寒冷。

在列寧格勒州，河烏是稀罕的鳥兒，往往只有在冬天的時候才看得到。

---

38. 加特契納（Gatchina），位於聖彼得堡以南約 45 公里，昔日是沙皇夏宮之一的加特契納宮所在地，現今是俄國國防工業重鎮之一。

冰層底下的魚兒

現在，讓我們想想魚兒的事吧。

整個冬天，魚類都在河底的深坑裡睡覺，在牠們上方是堅固的冰層。

通常在冬末的 2 月時，池塘或湖沼裡的空氣就會變得稀薄。那時，魚兒幾乎就要窒息了，牠們會張大嘴巴拼命呼吸，有的甚至直接遊到冰層下面，張開嘴吸取浮在冰層下的小氣泡，以度過危機。

因此，有些水域的魚有時會全體窒息而死。在春天冰雪消融之後，你若到這些水域釣魚，沒釣到半條，這時請不要驚訝。

所以，千萬別把這些水下朋友給忘了。記得在適當時機於池塘和湖沼的冰上鑿幾個洞，還得留意不要讓這些冰洞再讓風雪給封住，讓魚兒有新鮮的空氣，牠們就不會被悶死了。

茫茫雪海下的蓬勃生命

在漫長的冬季，站在田野上望著被白雪覆蓋的大地，總難免讓人猜測：在冰冷的雪原下面究竟有些什麼東西呢？在它底下是否有生命呢？

我們《森林報》的記者，在林間的空地上與田野上，挖了幾個很深的雪井，一直挖到地面。

我們在那裡看到的東西絕對讓你想像不到：竟有許多綠油油的植物生長著。記者看到了：草莓、蒲公英、三葉草、蝶須，還有許多闊葉林中的草、酸模等，以及各種各樣的植物。在那些翠綠的繁縷上，甚至還會有小花蕾。

《森林報》的記者還在一個雪井的四壁上，發現了圓圓的小孔，這些是小獸用爪子挖的通道，被我們的鐵鍬給切斷了，就在四壁形成了圓形斷面。這些小獸擅長在雪地中找食物。像老鼠和田鼠，會在雪下四處啃食各種植物的根，對牠們而言，這些根美味而營養；而那些小型的獵食者，如鼩鼱、伶鼬、白鼬，牠們會在那裡捕捉老鼠和田鼠，以及在雪下過冬的鳥禽。

人們說，有福氣的小孩是「從娘胎裡就帶來衣裳的」。小熊剛出生的時候只有大老鼠那麼大，可牠不僅從娘胎裡帶來了衣裳，而且還穿著皮大衣來到了世上。

以前的人認為，只有熊才在冬季生育，其實不然。現在的科學家們研究發現，有一些齧齒類動物到了冬天就會遷徙到牠們的冬窩，離開夏季居住的地洞。冬窩通常在地面上，牠們會選擇在樹根旁或是灌叢的樹枝上築窠。而且，科學家還發現，牠們冬天也生孩子！剛生下來的小鼠，渾身光溜溜的，一根毛都沒有，跟熊不一樣。雖然是天寒地凍的天氣，但是窩裡很暖和，媽媽會用乳汁餵牠們，小鼠不至於受凍。

春天的預兆

二月份雖然還是寒氣逼人，但已經不像隆冬那麼酷冷。此時積雪依舊深厚，只是雪色不再耀眼、潔白，而變得灰暗無光，且出現蜂窩般的小洞。掛在屋簷上的冰柱在逐漸變大，從上面滴滴答答地淌出水來，在下面形成了小水窪。

日照的時間越來越長，空氣中的暖意也越來越濃。天空已不是冬日的死灰色，藍色的比例越來越多。雲朵錯落有致，四散又聚合，且逐漸分層；若是留意往天空瞧瞧，說不定還能發現朵朵的積雲飄過頭頂呢！

太陽剛從地平線上露臉，窗下就傳來山雀叫聲，好像來報信似的，告訴人們：快把棉襖脫了，快把棉襖脫了！

夜晚降臨，貓咪會在屋頂上開音樂會，不時還有貓兒打架的尖銳聲音四下響起。

森林那邊偶爾可以聽到一陣啄木鳥歡天喜地敲打樹幹的聲音。儘管只是用嘴巴敲擊樹幹，但聽起來卻像一首歌呢！

在森林的更深處，不知是誰在雲杉和松樹邊的雪地上，畫了一些令人費解的神祕符號。當獵人們看到這些圖案時，先是一愣，緊跟著心就狂跳起來了：要知道，這是林中的大鬍子公雞——松雞——留下的痕跡呀！牠們的脖子上長著很長的羽毛，很像人的大鬍子。密林中的這些圖案，正是牠用自己強而有力的翅膀在雪地上畫出來的！如此看來，松雞快要開始求偶了，森林音樂會馬上就要到來。

大街上的打架

城中居民已經可以感覺到春天的腳步近了，最明顯的特徵就是街頭常常發生鬥毆事件，但不是人類的。

活動發生在大街上，麻雀對往來的行人毫不理會，聚在馬路上一陣亂鬥，互相啃咬，把羽毛都啄得滿天飛。雌麻雀不會參與打架，但也不去阻止那些打架的傢伙。

每天入夜後，則可見貓咪在屋頂上打架。有時候，兩隻公貓會打得你死我活，有的甚至還會從屋頂上摔下來，不過，即便這樣，腿腳伶俐的貓咪也不會被摔死，牠跌下來的時候會四腳著地，傷不到哪兒，頂多一拐一瘸地跛個幾天。

在城裡，到處都在修建房屋、建造新的住宅。

老烏鴉、老寒鴉、老麻雀、老鴿子，此時正在張羅著去年的舊窩。而那些去年夏天才出生的年輕一代，也在為自己建造新巢。這樣對建築材料的需求就很多，枯枝、麥秸（ㄐㄧㄝ，也稱作麥草）、稻草、絨毛、羽毛、馬毛等的需用量也與日增加。

鳥類的食堂

我和同學舒拉都很喜歡鳥，那些冬天住在我們這兒的鳥兒，像啄木鳥、山雀，在嚴寒的日子裡常常挨餓，我們決定給牠們做一個鳥類的食堂。

在我家附近有很多樹，常常有一些鳥兒會飛到那裡找東西吃。我們就用三合板做了一些淺淺的木槽，每天都會往木槽裡放上各種穀物。鳥兒們現在習慣了，就不害怕人類而飛到木槽邊上來，牠們很快樂地啄食，這對鳥兒會有好處。

我們建議，所有的孩子都要來做這樣的事。

駐地森林記者

瓦西里・格里德涅夫；亞歷山大・葉甫謝耶夫

都市交通新聞

在轉角的一座房子上，有一個「小心鴿子」的標記，上面是一個圓圈，在中間有一個黑色的三角形，在三角形裡有兩個雪白的鴿子。

司機在拐過街角時會剎車，然後小心翼翼地繞過聚集在馬路上白的、灰的、黑的、咖啡色的鴿子。大人和孩子們會站在街道上，把麥粒和麵包屑撒給那些鴿子。

「小心鴿子」——這是一個要汽車駕駛人注意鴿子的交通號誌。

最初建議在城市街道上設立這個愛鳥標誌的人是莫斯科的一名小學生：托尼婭．科爾金娜。後來在列寧格勒和其他的大城市，也陸續掛出了這樣的牌子。這是在告訴都市人要保護這些鴿子，牠們是和平的象徵。

返回故鄉

我們《森林報》的編輯部收到了很多好消息，這些消息來自於英國、法國、德國、地中海沿岸、埃及、伊朗、印度。所有的消息內容都差不多：原本居住在我們這裡的候鳥，已經開始啓程返鄉了。

牠們不急不躁地飛著，慢慢地從冰雪下解凍的大地和水域上空掠過。估計牠們返回故鄉的時候，俄羅斯也應該冰雪消融、河川解凍、春意盎然了。

繁縷

戶外，冰雪開始融化。我想去挖一些種花用的泥土，順便看一下我專門為小鳥種的小菜園子。我幫金絲雀種了繁縷。金絲雀很愛吃它那嬌嫩多汁的嫩莖葉。

大家應該認識繁縷吧？它的葉子小小的、淡綠色；花是白的，也小得幾乎看不清楚；莖總是彼此纏繞，緊貼地面生長。只要對菜園的管理稍微沒注意，繁縷就會爬得到處都是。

繁縷的種子是在秋天播下的，但似乎種得太晚了。種子剛發芽，只長出一小段細莖和兩片葉子，雪就下來了。我原本沒有指望它們能存活，結果繁縷不僅安然度過這個冬天，而且還長得很好。現在這些繁縷已經不是幼苗，而是長大成形了，甚至有幾株已冒出了花蕾呢！

真是不可思議啊！這是冬天呀！這麼深的雪，它們居然能生存下來，而且還活得很好，長得又高

又大呢！

H. 帕甫洛娃

初升的新月

今天我起得特別早，走到室外，抬頭望向天際，無意間發現了一個景象，讓我心情非常快樂：此時朝陽剛迸出地表，我竟看到新月高懸在太陽上方。

新月通常是在日落之後出現，在這裡的人們很少在清晨太陽升起的時候看見它。今天，它比太陽還早出來，就像一彎細細的珍珠色鐮刀，高掛在金黃色的朝陽之上閃閃發光，那麼親切、那麼溫馨。

駐地森林記者 維麗卡

神奇的小白樺

昨天夜裡天氣不冷，但下了一場暖濕的小雪。小園子裡種著一棵我心愛的小白樺樹，它的樹幹和樹枝都被雪染成白色的了。清晨的時候，天氣突然轉冷。朝陽初升，就懸在明淨的天空上。這時我發現小白樺變得非常迷人，簡直美得令人心醉：從它的樹根到樹梢，甚至每一根小樹枝、樹葉，都好像塗了一層白釉似的。原來昨夜的濕雪被清晨的寒氣一凍，便在物體表面形成一層薄冰，使得小白樺渾身都裹著冰晶，陽光一照，頓時銀光閃爍。

這時有幾隻長尾巴的山雀飛過來，降落在白樺樹上。這種山雀長著厚厚的、蓬鬆的羽毛，好像上面插著幾根織針的一團白毛線球。它們在樹枝上東張西望，正在尋找食物！不過，山雀的腳爪卻抓不住樹枝，正在打滑，尖利的嘴巴也敲不穿枝條上的冰殼。這棵小白樺樹像玻璃樹一般，鳥嘴啄在上面，只聽到叮咚的迴響。

山雀很不高興地飛走了。

太陽越升越高，天氣越來越溫暖，終於把小白樺樹的那層冰殼曬融了，樹幹和枝條開始滴水，有幾處還形成了一串串的細小水流，就像一條條小銀

蛇似的。陽光下，水珠閃爍著，變幻著各種顏色。

那些山雀又飛回來了，依舊停在白樺樹上，一點也不怕融化的冰水沾濕腳爪。這回牠們高興極了，不但腳爪不再打滑，還在這棵脫下冰衣的白樺樹上享用了一頓可口的早餐。

駐地森林記者 維麗卡

報春的歌聲

雖然天氣很冷，但陽光燦爛，在城裡的許多花園裡，都響起了報春的歌聲。

唱歌的是大荏雀（Parus major, 即大山雀，又稱花臉雀或灰山雀），歌聲嘹亮，音節簡單，斷續重複著：「晴——幾——回兒，晴——幾——回兒！」

調子雖簡單，但是歌聲聽起來令人愉快。彷彿這種前胸長著黃綠色羽毛的小鳥，想用鳥類的語言告訴大家：「脫去外衣嘍，脫去外衣嘍，春天來了！」

綠色接力棒

1947 年，蘇聯舉辦了第一屆全邦聯優秀少年園藝家選拔賽。這些小園藝家們帶著綠色接力棒，交給了 1948 年的春天。對於五百萬個少年園藝家來說，從去年春天到今年春天的路不好走，但他們會珍惜自己及前人的一切，小心地培育每一棵樹、每一叢灌木，年年如此。

每跑完一場綠色接力賽，都會召開一次少年園藝家大會。去年參加綠色接力賽的有數百萬人。他們栽種了幾百萬棵果樹和漿果灌木，建造了幾百萬公頃的森林、公園和林蔭道。今年參加這場競賽的人，應該多更多。

競賽的條件和去年的一模一樣，可是要做的事情卻多於去年。今年的參賽要求是：每所學校都必須開闢一個新的果木苗圃，這樣，明年就可以闢植更多的果園。

還應該綠化道路，讓公路也變得綠茵茵一片。還需要用喬木和灌木加固峽谷中的泥土，從而保護水土。

為了實現這一切，我們得向有經驗的老園藝家學習。

打獵的事情

巧妙的捕獸器

老實說，獵人們使用各種陷阱抓到的野獸，比用獵槍打到的還要多。

為了製造出適當的捕獸器或陷阱，除了經驗外，還需腦袋，以及知道野獸的脾氣和習性。另外，很重要的是，也要學會設置陷阱、安放捕獸器的位置。一個呆頭呆腦的獵人，儘管也設了陷阱、用了捕獸器，但總抓不到野獸；不像經驗豐富的獵人總可以逮到獵物。

鋼制的捕獸器用不著自己動手去做，只要上街買現成的就可以了。但要學會在適當位置擺放它，可就不是件簡單的事情了。

首先，應該要知道把捕獸器擺在哪裡。按照經驗，獵人通常把捕獸器放在野獸居住的洞穴邊、野獸經常來往的小徑上，以及會聚和交叉著許多野獸足跡的地方。

其次，應該學會根據不同的狀況來舖設捕獸器。

如果想抓機警的野獸，比如黑貂、猞猁（ㄕㄜ ㄌㄧˋ，也稱為山貓）等，就要先將捕獸器與松針放在一起煮過，以消除鋼鐵的味道。安放的時候，得先用木頭鏟子剷掉一層積雪，然後戴手套把捕獸器固定；放好後，再用雪把它蓋上，用木鏟把表面鋪平。如果不這麼做，即使隔著一層雪，嗅覺靈敏的野獸也能聞出人的氣味和鋼鐵的味道。

如果想抓身強力壯的大型野獸，就要將捕獸器固定在大樹樁上，免得它被踩到的野獸拖走了。

如果要在捕獸器裡放誘餌，就應該了解哪一種野獸喜歡吃哪一種食物：有的應該放上鮮肉，有的應該擺隻老鼠，有的則需要幾尾魚乾。

活捉小猛獸的器具

白鼬、伶鼬、雞貂、水貂等小獸，毛皮可以賣到好價錢，為了不破壞牠們的皮毛，都需生擒。獵人為了生擒牠們，想出了很多好辦法、設計了不少巧妙的機關。其實這些捕獸器都滿簡單的，每個人都能動手製作。原理只有一個：進得去，出不來。

你可以拿一根不大的長木箱或者是木筒，在一頭開一個入口，在入口上固定一扇用粗金屬絲做的小門，小門要比入口稍長一些。小門要斜著立在入口上，小門下端要往

木箱或木筒裡斜著插入。

誘餌要放在木箱或木筒裡面，這樣小野獸聞得到誘餌的氣味，也可透過鐵絲小門看到它，這時牠們就會推開門，從小門爬進箱子。當小門在牠身後落下關上時，牠就無法從裡面推開了，於是只好蹲在裡面，等待你去捉牠。

在這種木箱裡，也可以放置一塊活落板，把誘餌掛在頂板下。箱子的入口要弄得窄一些，入口的上面要裝置一個不緊的小閂（ㄕㄨㄢ）門。當小野獸走過這塊活落板，牠身子下的板就會降落，隨之靠近入口的板子向上翹起，小閂門彈了上去，門就被關緊了。

還有一個簡單的方法，那就是用一個高一點或是大點的釀酒桶，把桶頂的上部打開，在桶的腰部正中開兩個相對的小孔，插進一根橫杆。橫杆兩頭固定在立於桶外地面的兩根小柱子上——兩根小柱子間要先挖出一個坑，深度要容得下半截桶子。固定好橫杆後，要讓桶的兩邊保持平衡，然後把桶子斜放，使上半部開口的邊緣一側擱在坑邊上，下半部有桶底的那頭懸空在坑上面。

誘餌則要放在貼近桶底的地方。

當小野獸爬進桶子朝誘餌前進時，一到桶子的半中腰，桶子就會翻過去底朝天，正好把野獸扣在那個坑底，小野獸再怎麼爬也爬不上來。

在寒冷的冬季，烏拉爾地區的獵人有一個更簡單的方法，就是做「冰桶」，那是他們的傳統捕獵法。

冰桶的製作：先裝滿一大桶水，放在寒冷的戶外。桶面上的水與靠近桶壁和桶底的水，比桶中央的水凍結得快。等這些部位的水凍結得有兩根手指頭厚的時候，再從桶頂的冰面鑿個小圓洞，洞的大小以讓一隻白鼬能鑽進去為原則。然後把桶中沒凍成冰的水倒出來，把桶子搬回暖和的屋子裡。進屋後，貼近桶壁和桶底的冰就開始融化，那時就可以不費力氣，從鐵桶裡拔出一個「冰桶」來。這只冰桶是名副其實的「桶子」，上上下下都密密實實，只在頂部開個小洞。

冰桶製作完成後，往裡頭扔一點乾草，再放進一隻活老鼠。然後把這個冰桶拿到白鼬或伶鼬經常出沒的地方，埋在雪堆裡，使桶面與積雪的雪面一般高。當小野獸聞到老鼠的氣味後，馬上就會從那個小洞鑽進冰桶裡。只要小獸鑽進去，就別想再出來了。因為冰壁那麼滑，爬是爬不上來的；冰壁也很厚，啃也啃不透。

獵人只要把冰桶打碎，就能取出小獸了。做這種捕獸器不必花錢，想做幾個就可以做幾個，就是花點時間而已。

狼坑

捕狼可以設置狼坑。

要在狼經常出沒的小徑上，挖一個長圓形的深坑，深坑的四壁要垂直。深坑的大小要能放下一隻狼，讓狼無法用助跑跳出坑來。在坑上面要鋪上細枝條，再撒上樹枝、苔蘚、稻草，再鋪上雪，才不會露出陷阱痕跡。

夜晚，當狼群從小徑上經過時，走在前面的那隻狼就會掉到陷阱裡。第二天早上獵人過來，就可以活捉牠了。

狼圈

除了狼坑，獵人也會設置狼圈。

狼圈的布置是先把許多木棍削尖，然後一根接著一根緊密地插在地上，圍成一個圈。在這一圈外面再圍一圈大一點的。小圈和大圈之間的空隙正好能容得下一隻狼。

然後在外圈安置一扇只能往裡開的門。裡圈中間要放一頭小豬或是一隻山羊、綿羊等。當狼聞到家畜的氣味後，

就會一隻跟著一隻從門外走進外圈，在內外兩圈之間的空隙裡走著，繞了一整圈之後，進來的第一隻狼就走到了門前。現在那扇門阻礙了牠往前走，而牠又沒法子向後轉，因此只好用頭去頂門，門一頂就關上了，於是這些狼都被關在裡面了！

就這樣，牠們圍著內圈裡的家畜沒完沒了地兜圈子，直到獵人來收拾牠們。

狼沒有吃到肉，最後到把自己的命給送上了。

地上的機關

在酷寒的北方，冬天地面凍得像石頭一樣硬邦邦，想挖陷阱抓狼是很困難的。因此，獵人想到了別的辦法，不是往地下挖陷阱，而是在地面上設置機關。

這種地上機關是這樣做的：先在一塊空地的四角立上四根柱子，再用木樁釘上一道柵欄，把這塊地圍起來。在柵欄圍起的空地中間，要再立一根比柵欄高的柱子，柱子上端繫上一塊肉作為誘餌。

都做好後，再來是最重要的：在柵欄上擱放一塊木板。木板的一邊要與地面接觸，另一頭懸空靠近誘餌。

當狼聞到肉的氣味時，就會順著木板往上爬。由於狼的身子重，當牠把懸空的一頭往下壓時，一個倒栽蔥就會跌到柵欄裡，狼就出不來了。

熊洞旁又出事了

塞索伊奇踩著滑雪板，在生滿苔蘚的沼澤地上滑著。此時正是 2 月底，沼澤地上積雪很厚，這些積雪都是由高處吹來的。

在這片沼澤地之上，散落著幾處「高地」。塞索伊奇的萊卡狗佐里卡，跑進了一座叢林，鑽到樹林後就看不見了。忽然，塞索伊奇聽到了佐里卡的叫聲，聲音是那麼地凶，那麼激烈，看樣子佐里卡碰上熊了。

塞索伊奇身邊剛好有一管很好用、裝有五發子彈的來福槍，聽到叫聲不由得興奮起來，並急忙朝著狗叫的方向趕過去。

在地下有一大堆倒著的枯木，在上面還覆蓋著積雪，佐里卡正朝著那堆東西狂吠。塞索伊奇找了一個合適的位置，脫去滑雪板，把腳底下的積雪踩結實了，做好開槍的準備。

過了一會兒，從雪底下露出了一個寬腦門的黑腦袋，牠的兩只眼睛閃著暗綠色的光。在獵人看來，牠這是在打招呼。

塞索伊奇知道，熊在瞅過敵人之後會馬上把頭縮回洞中。在洞裡躲一會兒，然後突然躥出來逃跑。因此，塞索伊奇要在熊把頭縮進去之前，趕緊開槍。

然而，過快而匆忙的瞄準是不容易射準的，這顆子彈只是擦傷了熊的面頰。

這下熊可生氣了，跳了出來，向塞索伊奇撲過去。塞索伊奇急忙間又開了第二槍，還好這一槍正中要害，終於將牠擊中倒地了。

這時候，佐里卡衝過去撕咬熊的屍體。

當熊撲過來的時候，塞索伊奇沒有感到害怕，只是危險一過，現在他卻感覺兩腿發軟、兩眼發昏，兩個耳朵裡嗡嗡地作響。他停頓了一下，深深地吸了一口冷空氣，想趕走內心深處的恐懼。待他清醒過來，他才意識到剛才那可怕的一幕。

任何人，即使是最勇敢、堅強的人，經歷了一頭碩大而兇猛的野獸攻擊之後，都會出現這種感覺。

忽然，佐里卡跑開了熊的屍體，衝向另一個樹堆，並狂吠起來。

塞索伊奇眼光轉向那樹堆，不由得驚呆了，因為樹堆下又露出了熊的腦袋。塞索伊奇稍作鎮定，立刻瞄準射擊，這次那隻熊應聲倒地。

但就在這時，在第一隻熊出現的黑洞裡又冒出了一頭棕色腦袋的熊，緊接著牠後面又跟著冒出了第四頭熊的腦袋。

塞索伊奇一看慌了神，他真的被嚇到了。看來這座森林裡的熊都聚集到這兒來了，這會兒牠們一起爬出來向他進攻了。

塞索伊奇顧不得瞄準，連開兩槍。子彈打完了，他把空槍一扔，想轉身逃跑。慌忙之中，他看到第一槍打倒的那隻熊腦袋不見了，第二槍打中的是他的萊卡狗，當時佐里卡恰好跑了過去，誤中了子彈，正躺在雪地裡。

塞索伊奇嚇得兩腿發軟，不由自主地向前邁了幾步，剛好絆倒在他打死的第一隻熊身上；這一摔，使他失去了知覺。

也不知躺了多久，塞索伊奇突然被一陣疼痛給驚醒。

他覺得好像有什麼東西在吸他的鼻子，而且吸得很疼。下意識地，他立刻抬起手去捂鼻子，卻摸到一團熱乎乎，毛茸茸的東西。他睜開眼睛，看到的居然是一對暗綠色的熊眼睛。

塞索伊奇嚇得失聲尖叫，忙不迭地把鼻子從熊的嘴巴裡掙脫出來。

塞索伊奇被嚇壞了，拔腿就跑，但馬上跌進齊腰深的雪堆裡，動彈不得。他回頭看了看，又想了想，才終於明白：原來剛才吸他鼻子的是一隻小熊。

塞索伊奇吃力地爬出了雪堆，最後氣喘吁吁地跑回家。回家後又過了好半天才平靜下來，仔細回憶了這場奇險無比的遭遇，總算想清楚了事情的原委。

原來，他用最先的兩顆子彈打死的是一頭熊媽媽，從另一個枯樹堆裡跳出來的是牠三歲的熊兒子。這些年輕的熊大多是熊兒子，而不是小母熊。夏天，年輕小熊會幫助媽媽照顧弟弟妹妹，冬天就睡在牠們的附近。

在風刮倒的樹下，有兩個熊洞，一個洞裡睡著的是年輕小熊，另一個洞裡睡著的是熊媽媽和牠的兩個小熊寶寶。慌亂之中的獵人，把年輕小熊當成熊媽媽了，跟著年輕小

熊爬出來的是兩頭小熊寶寶。小熊寶寶還小，體重和十二歲的人差不多重，只是牠們已經長得頭大額寬，讓獵人在慌忙之中也把牠們當做大熊了。

在獵人昏迷的時候，這個熊家族中唯一活著的小熊寶寶，來到了熊媽媽的旁邊。牠想去吃奶，但無意間卻觸到了塞索伊奇的鼻子，牠覺得熱乎乎的，以為那是媽媽的乳頭，就叼進嘴裡吸了起來。

弄明白之後，塞索伊奇回到林子裡把佐里卡埋了起來，然後，他抓住那個活著的小熊寶寶，把牠帶回了家。

那個小熊寶寶是個可愛又可笑的傢伙，在獵人失去了佐里卡之後，小熊寶寶給獵人帶來了許多歡樂。後來，小熊寶寶十分親熱地依戀著塞索伊奇。

《森林報》特約通訊員

一年的最後一次電報

在城裡，白嘴鴉從過冬的地方回來了。冬季結束了，一年也結束了。現在，森林裡是新年的元旦，請你拿出第一期的《森林報》，再重新閱讀一遍吧！

狐狸的食物「飛」了

在某個寒冷的冬夜裡，雪兔來到了乾草堆旁。牠在這裡偷吃了很長時間，瞧，還有牠的腳印呢！

這時候，有隻狐狸從牠右邊慢慢地靠近。狐狸小心翼翼地，牠的腳印像狗的腳印，只是比狗的勻稱、整齊。

狐狸還沒有走到雪兔跟前就被發現了，雪兔馬上起身逃跑。從雪兔的腳印可說明牠是蹦跳著穿過田野，然後跑向森林去了。

狐狸去追雪兔，不想讓牠逃到森林裡去。雪兔拐了個彎，向灌木叢裡跑去了。

跑著跑著，狐狸不見了雪兔，連牠的蹤跡也消失了。

狐狸左看看右看看，就是看不到牠。如果雪兔鑽到地

下去，應該有個洞啊！突然，牠看到林緣的小窪子裡有一些兔毛，同時還有一些新鮮的血跡，而且有兩個翅膀的印子，看樣子那翅膀強勁有力。

狐狸想了又想，才知道雪兔被巨大的貓頭鷹或雕鴞抓走了。

巨大的貓頭鷹或雕鴞抓住雪兔，騰空而去，飛到森林裡去了。

狐狸快要到手的獵物被巨大的貓頭鷹或雕鴞逮走了，牠很生氣，只好悻悻然地回去了。

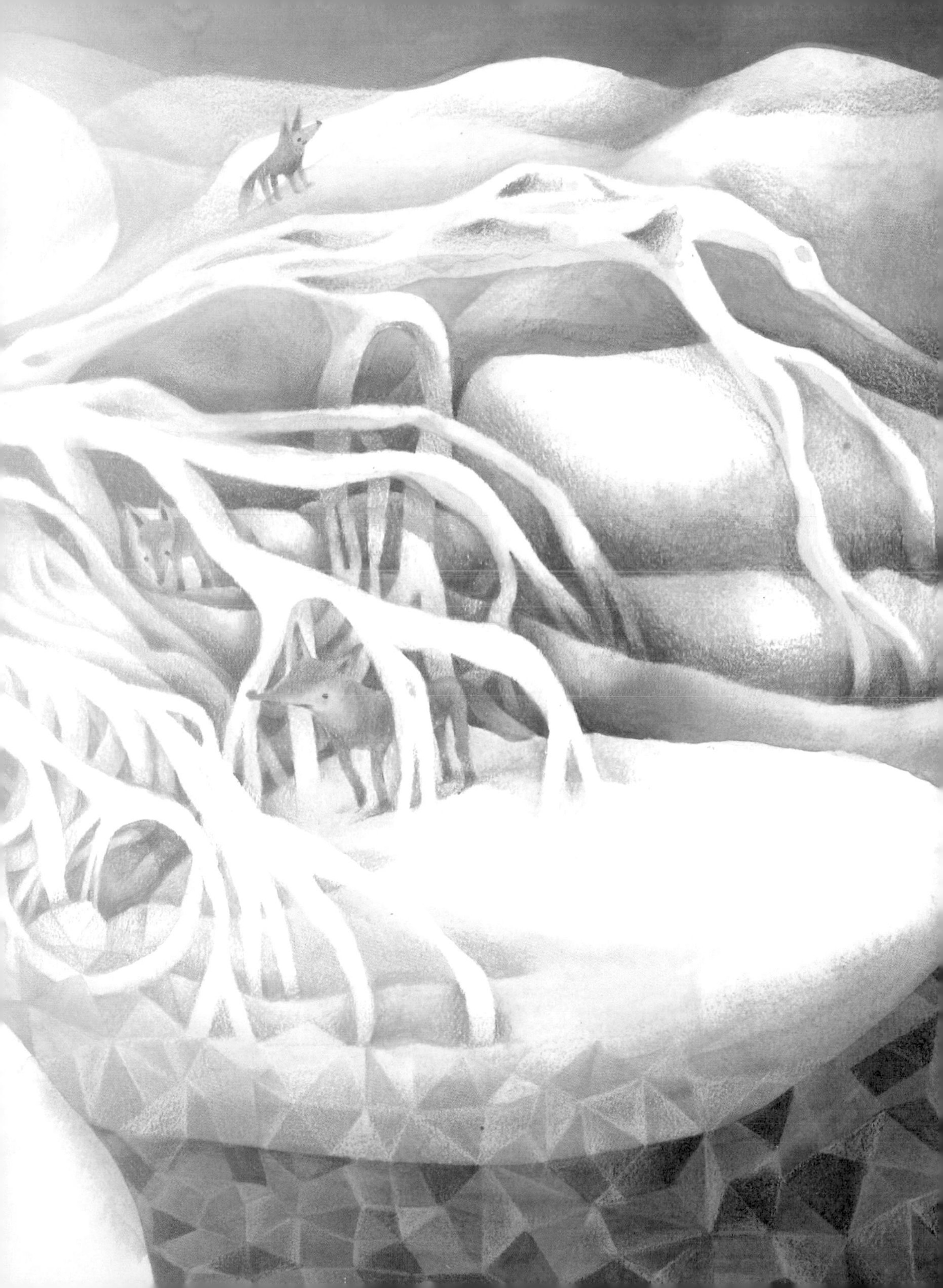

What's Nature
森林報：冬之雪

作　　者：（前蘇聯）維・比安基（Vitaly Valentinovich Bianki）
編　　譯：子陽
插　　畫：蔡亞馨（Dora）
總 編 輯：許汝紘
美術編輯：楊玉瑩
執行企劃：劉文賢
發　　行：許麗雪
總　　監：黃可家
出　　版：信實文化行銷有限公司
地　　址：台北市松山區南京東路 5 段 64 號 8 樓之 1
電　　話：（02）2749-1282
網　　站：www.cultuspeak.com
網路書店：www.whats.com.tw
讀者信箱：service@whats.com.tw
劃撥帳號：50040687 信實文化行銷有限公司

印　　刷：上海印刷廠股份有限公司
地　　址：新北市土城區大暖路 71 號
電　　話：（02）2269-7921

總 經 銷：高見文化行銷股份有限公司
地　　址：新北市樹林區佳園路二段 70-1 號
電　　話：（02）2668-9005

香港總經銷：聯合出版有限公司

2015 年 8 月 初版
定價：新台幣 320 元

國家圖書館出版品預行編目 (CIP) 資料

森林報：冬之雪 / 維 . 比安基著；子陽譯 . -- 初版 . -- 臺北市：信實文化行銷 , 2015.08
面；　公分 . -- (What's Nature)
譯自：Forest newspaper for every year
ISBN 978-986-5767-75-4(精裝)

1. 森林 2. 動物 3. 植物 4. 通俗作品

436.12　　104011198

森林報（全四冊）

暢銷全球的森林繪圖故事

春天，來自森林裡的第一份電報：

雪，融了，不再像冬天那樣的強壯，正變得虛弱無力
原本遮著陽光的雲也飄走了，浮現在眼前的是大朵的積雲和蔚藍的天空
光禿禿的榛子樹枝上，開始綻放的美麗的柔荑花
雲雀和椋鳥也回來了，他們開始高聲歌唱
堵住洞口的雪動了起來，原來是原本在冬眠的獾甦醒了……

春之舞

禿鼻烏鴉從南方飛回，揭開森林之春的序幕。候鳥回歸，　蛇在太陽下曬日光。動物們在森林裡召開的音樂會特別響亮，秧雞也從遙遠的非洲徒步返鄉。

夏之花

花草開始儲存太陽的生命力，鳥兒忙著築巢下蛋。鳥兒開始哺育後代，草莓和黑莓漸漸成熟。幼鳥學飛，蜘蛛帶著細絲在空中飛翔。

秋之紅

候鳥悄然遠行，漆樹的翅果在風中尋找歸宿。西風開始蒐集樹葉，松鼠把蘑菇穿在松樹枝上，當作冬天的點心。秋天到來。

冬之雪

積雪掩埋，狼、狐狸和狗分別寫下不同的字跡。白雪覆蓋了一切。當禿鼻烏鴉再次出現，新年又將從頭再來。

特別報導

雲杉、白樺與白楊之間的「三國演義」

4月，雲杉國派出滑翔機般的種子，讓它們空降到一處林間空地，企圖占領「新大陸」。5月，野草大軍侵入這片空地，用草根把多數小雲杉在地下活活勒死。此時，白楊國派出白色獨腳小傘兵，準備發動奇襲。不久，白樺國的種子也坐著小滑翔機趕過來，參加三國大戰。

第二年春天，白楊和白樺兩國聯手對敵，令雲杉國大傷元氣。直到白楊國和樺樹國開始互相傾軋，這才給了雲杉國一線可乘之機。三十年後，三足鼎立的局面徹底形成。一百年後，雲杉國憑著悠長的後勁滅掉異國，一統江山。

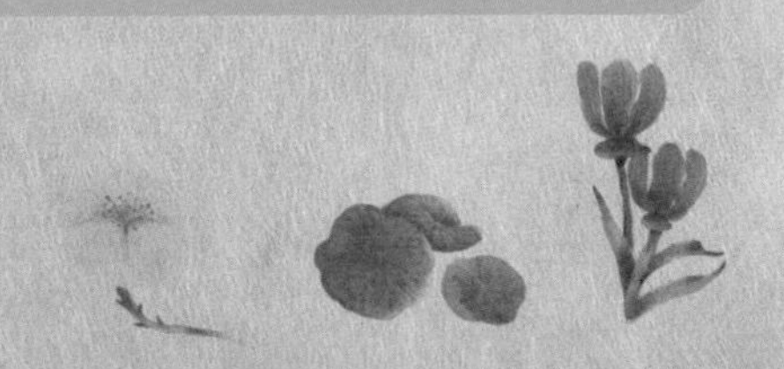

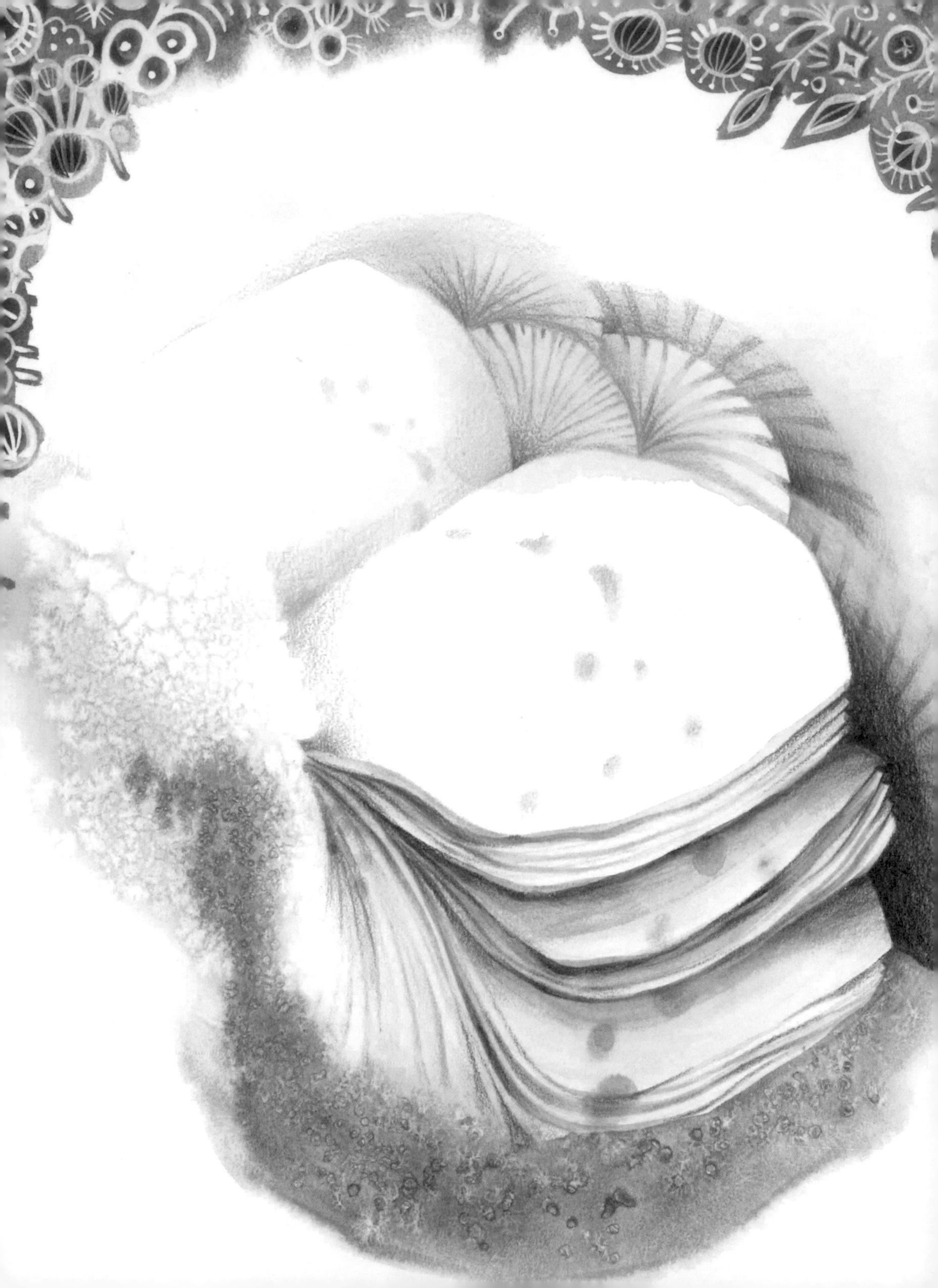